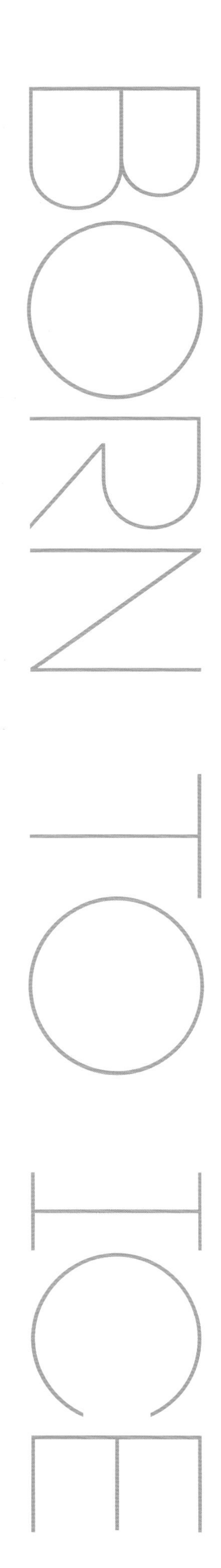

生于寒冰

[加]保罗·尼克伦 著 花蚀 译

江苏凤凰科学技术出版社 · 南京

图书在版编目（CIP）数据

生于寒冰 / （加）保罗•尼克伦著；花蚀译. —南京：江苏凤凰科学技术出版社，2021.7（2023.7重印）

ISBN 978-7-5713-1587-0

Ⅰ. ①生… Ⅱ. ①保… ②花… Ⅲ. ①北极—摄影集 ②南极—摄影集 Ⅳ. ①P941.6-64

中国版本图书馆CIP数据核字（2020）第241165号

Foreword by Leonardo DiCaprio
Texts by Paul Nicklen & Kim Frank
Image preparation by Ken Geiger

生于寒冰

著　　者	[加]保罗•尼克伦
译　　者	花　蚀
责任编辑	祝　萍　向晴云
特约编辑	刘　妍
营销编辑	李丽妍
封面设计	Nate Zhang
版式设计	林绵华
责任校对	仲　敏
责任监制	方　晨
出版发行	江苏凤凰科学技术出版社
出版社地址	南京市湖南路1号A楼，邮编：210009
出版社网址	http://www.pspress.cn
印　　刷	雅昌文化（集团）有限公司
开　　本	889mm×1194mm　1/16
印　　张	21
字　　数	285 000
版　　次	2021年7月第1版
印　　次	2023年7月第6次印刷
标准书号	ISBN 978-7-5713-1587-0
定　　价	188.00 元（精）

图书如有印装质量问题，可随时向我社印务部调换。

不确定的未来

在加拿大努纳武特地区，一头年幼的北极熊为了寻找海上浮冰，正在穿越萨默塞特岛。

CONTENT
目 录

FOREWORD | LEONARDO DiCAPRIO

莱昂纳多·迪卡普里奥之序

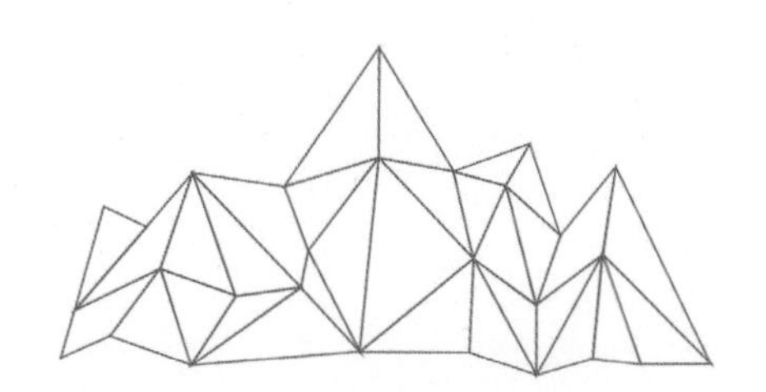

我们的星球是不可思议的。无数的物种在精巧的气候和自然系统的支持下和谐共生，创造了一个充满活力的美丽家园。我一直敬畏自然。在我的一生中，我看过一些不可思议的荒野，看过生活于其中的非凡生物，这让我深感荣幸。我曾踏足于无人染指的雨林，我曾航行在最偏远的海面上。如今，因为人类活动的影响，这样的处女地变得越来越稀有，越来越难以体验到。

只有几位才华横溢者致力于探索和记录那些荒凉之地，并把那些鼓舞人心之美分享给全世界。保罗·尼克伦的这本《生于寒冰》将邀请你进入极地的魔幻奇迹中，他的作品里有一种罕有的亲密感，会让你爱上极地，并对这些珍宝之地产生保护之心。

活在一个前所未有的变化时期，意味着什么？意味着我们今日之行动，将决定是治愈我们的星球，还是将它摧毁。关键时刻就是现在，而不是遥不可及的未来。我曾向北旅行，抵达格陵兰，进入北极圈，目睹气候变化给极地带来的破坏。古代的冰川迅速消逝，远超科学预测，环境危机正在改变地球的自然平衡。但是，希望尚存。在寻找更健康的未来的小道上，我找到了志趣相投的人和组织，我们想增强我们的影响力，保护脆弱的野生动植物免于灭绝，恢复大厦将倾的生态系统和人类社区的平衡。

莱昂纳多·迪卡普里奥基金会和保罗·尼克伦的海洋遗产项目之间，产生了强大的协同作用，两者都在力求做得更多，以期在事态不可挽回之前，以最大的努力，应对那些导致环境变化的问题。通过保罗·尼克伦的镜头见证极地，是在行动中体验希望。《生于寒冰》展示了一位艺术家积累了十余年的作品，他对荒野风景以及其中每一只动物的拳拳之心，在每幅照片中回荡。这本作品集有广度，也有力量，会让你深受影响，会让你生起保护地球绝妙之处的决心。

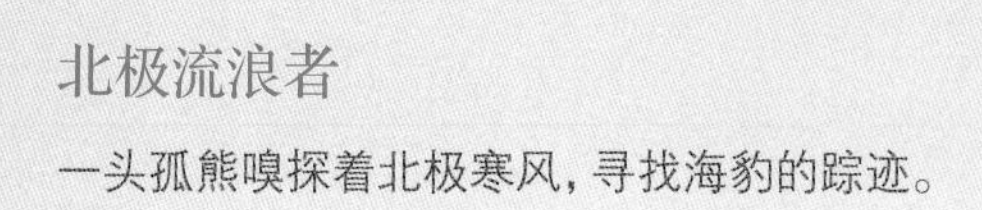

北极流浪者

一头孤熊嗅探着北极寒风，寻找海豹的踪迹。

ARCTIC
北 极

雪橇队的首领

在格陵兰的卡纳克，因纽特猎人利用哈士奇穿越海上浮冰去补给他们的社群。奈曼吉图克·克里斯蒂安森（Naimanngitushok Kristiansen）正在指挥他的雪橇队。

面对面

当我在挪威的斯瓦尔巴群岛等待暴风雪结束时，这只北极熊正透过窗户偷看我的窄小木屋。于是我打开窗户，它发现了镜头和带着感恩的微笑正面对面望着它的我。

阴影游戏

在挪威斯瓦尔巴群岛，

一场新雪过后，山坡上布满了阴影。

威武现身

在加拿大育空地区的渔支河，出现了一头健壮、温柔而又美丽的棕熊。

流动的帘幕

在挪威罗弗敦群岛，一头座头鲸在潜入大型鲱鱼群时，溅起了水幕。

P18—19 》》

极地通道

在挪威罗弗敦群岛上，一座正在消失的冰山让一只小北极熊相形见绌。

冰川瀑布

在挪威罗弗敦群岛，大量的水正从东北地岛上倾泻而下。

冬季盛宴

在挪威罗弗敦群岛，一头虎鲸正把鲱鱼群驱赶到浅水区，这样整个鲸群就能得到食物补给。

表面的张力

在阿拉斯加，平静的海洋表面在虎鲸光滑的皮肤周围塑形和弯曲。

迁徙

在加拿大努纳武特地区的兰卡斯特海峡，一群独角鲸正沿着巴芬岛的浮冰边缘前行。

ARCTIC

北 极

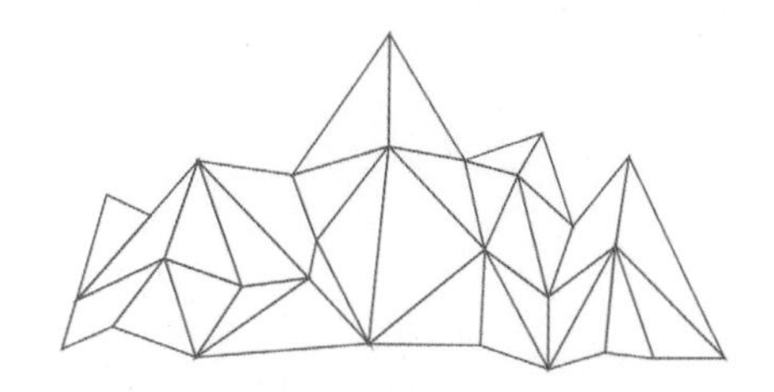

这是挪威北部峡湾寒冷的冬日黎明，此地远在北极圈之北。海水浪涌，漆黑如墨，我们的小型充气船上下翻腾、左右摇晃，驶向光线昏暗的地平线。我们睁大双眼，模糊地看到一条条近 2 米高的背鳍划开海浪，这些背鳍属于一群大个头的雄性虎鲸。在我最狂野的梦境中，也没有出现过被上百头虎鲸包围的场景，而现在我即将下水和它们共游。我栖身在颠簸的小船边缘，看着它们身体的轮廓划破海面，想要了解它们的航向和行为。它们在呼唤，复杂的声响在船身上激荡，使我们成为海洋中最复杂歌曲的扬声器。这一瞬间，我等了一辈子。

我紧紧地攥着巨大的相机防水罩，缓慢又无声地滑入大海当中。我的心怦怦狂跳，肚子在抽搐。巨大的兴奋和恐惧让我眼冒金星。

恐惧和迷恋常常是硬币的两面，在一个人内心的僵局中，最终有一面将占上风。即使恐惧在我内心横冲直撞，但迷恋几乎总是轻易取胜。我被迫在地球气候最极端的地方度过数周乃至数月的时间，深陷于冰冷的南极海景之下，独自在北极呼啸的暴风雪中求生。我天生就是如此。我的思想、身体和灵魂在这里就像在家中一样，比在其他任何地方都更自在。我在海冰上的天生舒适感成了我的力量，让我超越风险和挑战，打开两极之窗，看到那鲜为人知的世界。

恐惧也是一种强大的激励，面对它，我只能挑战它。当恐惧不再能阻止我潜入未知之处，我便能探寻未知的科学真相，创作有价值的艺术，保护我们最珍爱之物。对失去的恐惧加剧了我的紧迫感。我们生机勃勃的生态系统可能将要倾覆，人们不断哭喊呼唤，寻求团结一致来拯救它，这激发了我一次次按下相机的快门。

本书是对呼唤的答复。《生于寒冰》是我在南北极生活15年的摄影合辑，是我十几年来拍摄的数百万张照片中最动人的精选。

我的人生可能看起来很独特，但是忠于梦想的梦想家们对此并不陌生。我在加拿大北部的巴芬岛（Baffin Island）那孤独但又引人入胜的景致中长大。那是一个不足200人的因纽特社区，我们家是社区中仅有的4个非因纽特家庭之一，那里汇聚了冻结的海洋、白色的山脉和北极的天空。每年只有一班航船为我们带来各种杂物，这让我们不得不学会高效利用各种物质。我们没有电视、电话或广播，但是有一堆雅克·库斯托（Jacques Cousteau）的书，我对它们越来越好奇，越来越着迷。母亲在储藏室里造出了一间暗房，看着她把相纸浸入乳剂中摇动，浮现出一幅幅描绘我们北方生活的黑白图像，每一幅都栩栩如生，这让我对摄影产生了敬畏。那时，我从来没想过可以使用相机，也不敢幻想摄影可以成为我生活的一部分。

小时候，我的活力都来自大自然。我在成长期忙于探索我的极地“游乐场”，我会跳上雪地车狂野地驶向禁入的野外，也会享受制作野生动物滑石雕刻的漫长安宁。我会花一天的时间探索海边的潮池，也会观看潮汐压迫下海冰挤压出来的冰脊，欣赏海冰不断变化的裂缝。在晴朗的冬夜里，我们奔跑，在北极光下吹口哨、鼓掌，绿色、红色和蓝色的光飘落，在我们周围旋转，就像手臂一样，好像它们会抓住我们，将我们拉入夜空。有人曾告诉我们，如果北极光离得太近，会砍断我们的头，把我们的头骨抛来抛去。每一年，恐惧、好奇和极地的美丽都胁迫着我们。

如今，我依旧喜欢看天光，玩光影的游戏，看着光或影在海冰上跳跃。独自栖身于冰冷的寒风中，感受脸上的刺痛感，总能让我平静下来，产生家的感觉。在成长的过程中，我沉浸在北极的文化中，学会了实用的生存技能，还开发了大脑中的视觉创造力。当我离开童年时代的家，来到维多利亚大学学习生物时，北极仍居我心。在很多个夜晚，我都梦到了在这种神奇景致中的成长。我一直知道，终有一天，我会为保护这片环境而奋斗。

只有在事后，我才能看清内心的撕扯。那些我认为应该做的“正确”的事和激情的呼唤在撕扯着我。有一些关键的经历在向我的灵魂低语，谈论着我想要的生活方式。我的愿景逐渐清晰，我逐渐知道了我想要做什么。

与此同时，我在走向负责任的成年人的道路上，也要做出决定。我内心深知，成为《国家地理》杂志的水下摄影师是我倒数第二个目标，但这个目标似乎太遥不可及。于是，我开始从事动物学家的工作。在耶洛奈夫(Yellowknife)上班的夜晚，当极光开始在北极的天空跳舞，当野生的加拿大猞猁走出雪地摩托小径，我还是会拿起相机。我希望成为一位有影响力的摄影师，同时也希望成为一名与众不同的科学家。作为一名动物学家，每次遇到野生动物时我只需要记录一堆数据，这让我无法成为职业摄影师，目标似乎从未如此遥远。幻灭和挫败感在加剧，最终，我心怀矛盾，决定辞掉工作。

当我们放弃梦想时，会冒出来各种各样的事情让人萎靡，让前路阻塞，让我们看不到梦想实现的可能。这是我人生中第一次毫无目标。我当时26岁，没有工作，可能也没有职业。那是个五月，

我唯一想做的就是去那最让我感到平静的地方：北极高地。我收拾了近300千克重的装备，其中有2个帐篷，然后去了苔原与北冰洋相遇的海岸。我找了一名飞行员，请他尽可能地带我远离人类文明，把我撂在那里3个月。

我沿着一条结冰的河流，深入荒芜的土地数百千米，建立了我的营地。我的决定变得很残酷，在这里，我感到孤独、痛苦和愤怒。在最初的日子里，我沮丧又绝望地大哭。在此之前，每个人都告诉我作为摄影师我不可能成功，不赞成我的选择。这些声音变成合唱，在我的脑海中反复播放，让我无比消极又自我怀疑，断言自己的梦想将会破灭。

正是一些特殊的时刻定义了我们：在心底的深渊中，我们遇到了自己的终极恐惧，感受到了时不我待，但梦想的目标尚未达成。正在那时，有些东西出现了。在这个偏僻之处工作了1个月后，我看到了新的世界：这个生态系统竟是如此复杂，而又如此脆弱地连接着。

积雪终于消融，我坐在河边，看着房屋大小的冰块滑落，流向北冰洋。一个特别炎热的夜晚，我在睡袋里焦躁不安，醒来时听到帐篷周围有喷着气的哼哼声。我穿上靴子，赶紧从包里扯出了相机。成千上万的驯鹿包围着我，绵延不绝，它们正游泳穿过一条冰冷的河流。当它们迁徙穿越苔原时，你可能会听到它们喉头的咕噜咕噜声，甚至是蹄子踏地的咔哒咔哒声。我站在那儿，感受到它们强大的能量，感受到它们的整齐划一。很快，狼、熊和蚊子完善了整个场景。

多年来，我第一次感到轻松愉快。它们让我自由了，我完全确定我的决定是一个好决定。我活着的目标、梦想和愿景终于明确了。

自逗留那片荒野 24 年以来，我从未回头。我用相机记录极地动物的行为，并尝试赋予野生动物——尤其是那些声誉不佳的动物——声音和身份，消除了一些让这些动物声名狼藉的误解。我的愿景是创作艺术、科学与保护交汇的作品，这些照片是进步与变革的跳动之心。

哦，对了，还有虎鲸。沿着挪威峡湾，在冰冷海洋的蓝色细线下，虎鲸“芭蕾舞团”以一种鲜有人见的觅食阵型展开。虎鲸正以高度协调的运动方式共同“放牧”鱼群：巨大的鲱鱼群被迫挤压成一个紧密的球。巨大的鱼球在海面下仅 1.5 米处扭曲、摇晃，试图逃脱，但虎鲸却不停地游动，使鱼球越来越紧。每个虎鲸都扮演着各自的角色，群体的每个成员都轮流觅食，幼崽会模仿母亲的举动。它们互相呼唤，不停地回声定位，这些声音环绕着我们。我听到笑声，我的潜水伙伴戈兰·埃米尔（Göran Ehlmé）像我一样大声笑着浮潜，兴高采烈。肾上腺素飙升，我们迷失在兴奋和深深的感激中。

我们最早的记忆和记忆中不可磨灭的景致，共同开创了一种人生。对我来说，成为一名生态摄影师和电影制片人是我的梦想，但这并不是终点。我希冀通过努力成为一名有远见和创造力的摄影师，但这样的摄影师需要被一种热情和使命指引。而拯救我们星球的使命如此紧迫，不能仅仅依靠艺术来引导变革。

极地是脆弱的，海冰融化的速度远远超过科学家最初预测的速度。因此，如果我们现在不采取行动，在10年后可能会遭遇无法想象的无冰严夏。但是，我们还有希望，并非无能为力。从总体上讲，我们依旧有可能扭转这严峻的形势，从而不让北极熊饿死，不让海象流离失所，不让海冰加速融化、面积日益缩减。海冰就像花园中的土壤：没有它，什么都不会生长。

我的一生致力成为雄伟极地和你之间的桥梁，无论你身在世界何处。我邀请你接受一只近半吨重的豹海豹因怕你饿死，而喂给你的一只企鹅；邀请你站在一只拥有支配地位的北极熊身边，缓缓跨越海冰；邀请你身处成千上万不知惧怕的企鹅当中；邀请你沉浸在地球的两端，感受被北极光俯冲、追赶着的奇迹；邀请你体验海洋表面下的繁华，这里有数百万种生物，它们是整个生态系统的基础，也支撑了我们的生命。有了《生于寒冰》，我的旅程变成了我们的旅程。

请跟我来。

漫漫长夏

在挪威斯瓦尔巴群岛，一头雌性北极熊和它的幼崽们聚在水边。在没有冰的夏季，北极熊需要通过艰难的努力才能捕获到海豹。

极地镜像

在加拿大努纳武特地区的兰卡斯特海峡，一头巨大的雄性北极熊潜入冰下，在清澈平静的北冰洋表面投下了自己的倒影。

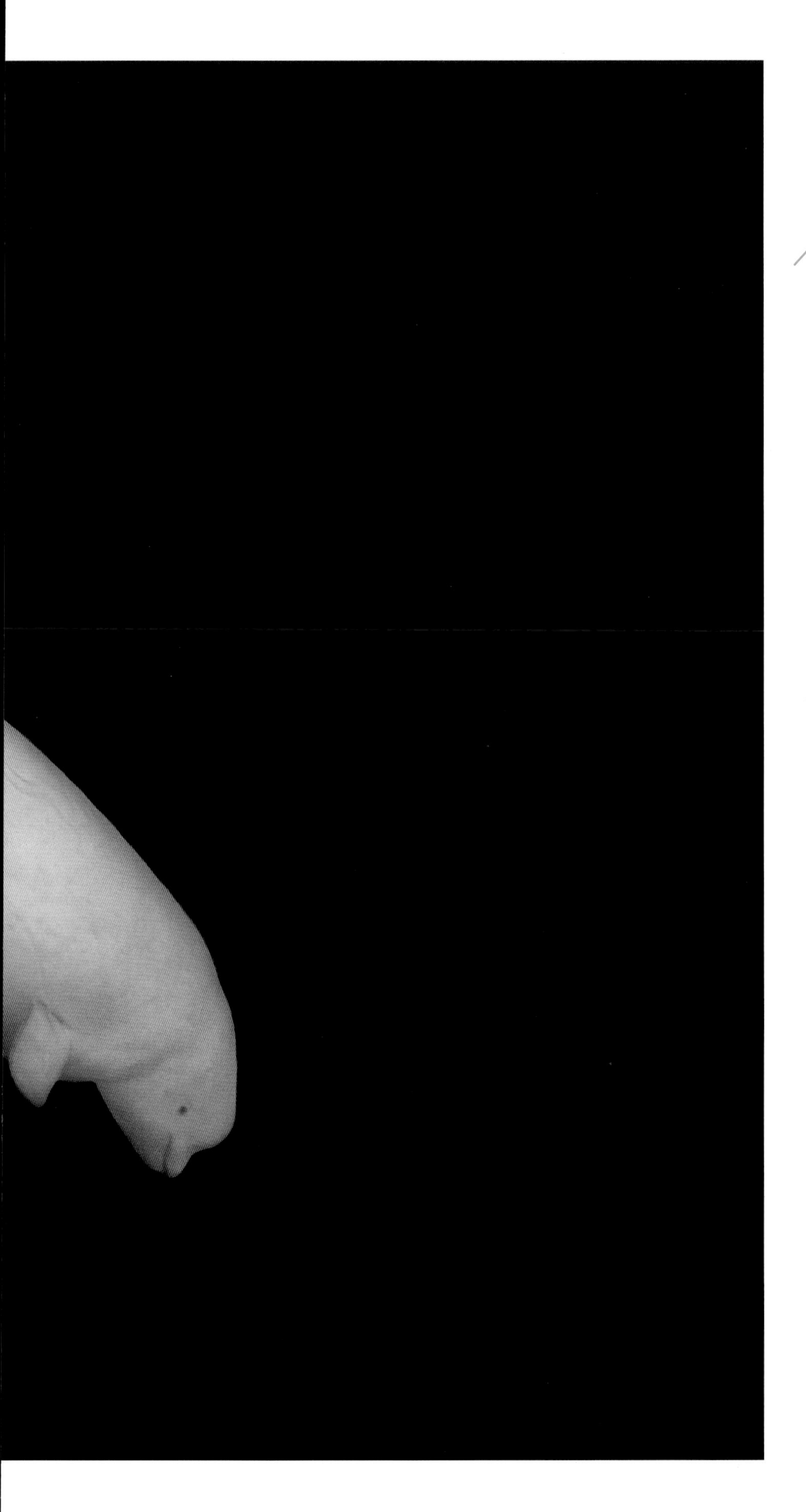

北极之魂

在加拿大努纳武特地区的兰卡斯特海峡，两头白鲸在消失于可怖的黑暗中之前，如幽灵般出现在深邃漆黑的海水中。

P40—41 »

聚集的“独角兽”

在加拿大努纳武特地区的兰卡斯特海峡，一群雄性独角鲸在下潜猎食北极鳕之前，正在冰面的洞中休息。

象牙指南针

在加拿大努纳武特地区的兰卡斯特海峡，一群雄性独角鲸正在冰海中争先恐后地向前进发，它们将会从这里潜入冰下深海去捕猎北极鳕。

爱抚

在加拿大努纳武特地区的兰卡斯特海峡，两头独角鲸正在海水中原地滚动，它们正在进行独角鲸家族的古老仪式——轻抚对方。当我拍摄时，面对着我的这头独角鲸轻轻地抚摸了我的头。

挖蛤者

在格陵兰岛，海象依赖密实的蛤蜊田来获得维持生命的营养补给。

断裂

在俄罗斯法兰士约瑟夫地群岛，一头庞大却骨瘦如柴的北极熊正在断裂的冰面上寻找海豹的踪迹。

冰川高速公路

卡斯卡沃尔什冰川涌出克卢恩国家公园时逐渐形成的冰碛石。

消失

在加拿大努纳武特地区巴芬岛沿岸，
一座曾经巨大的冰山正在逐渐消失。

交织的河流

在加拿大育空地区，一条从克卢恩国家公园流出的河流变成了数百条小溪。

极地世界

在挪威斯瓦尔巴群岛，一头北极熊幼崽正沿着浮冰的边缘前行。

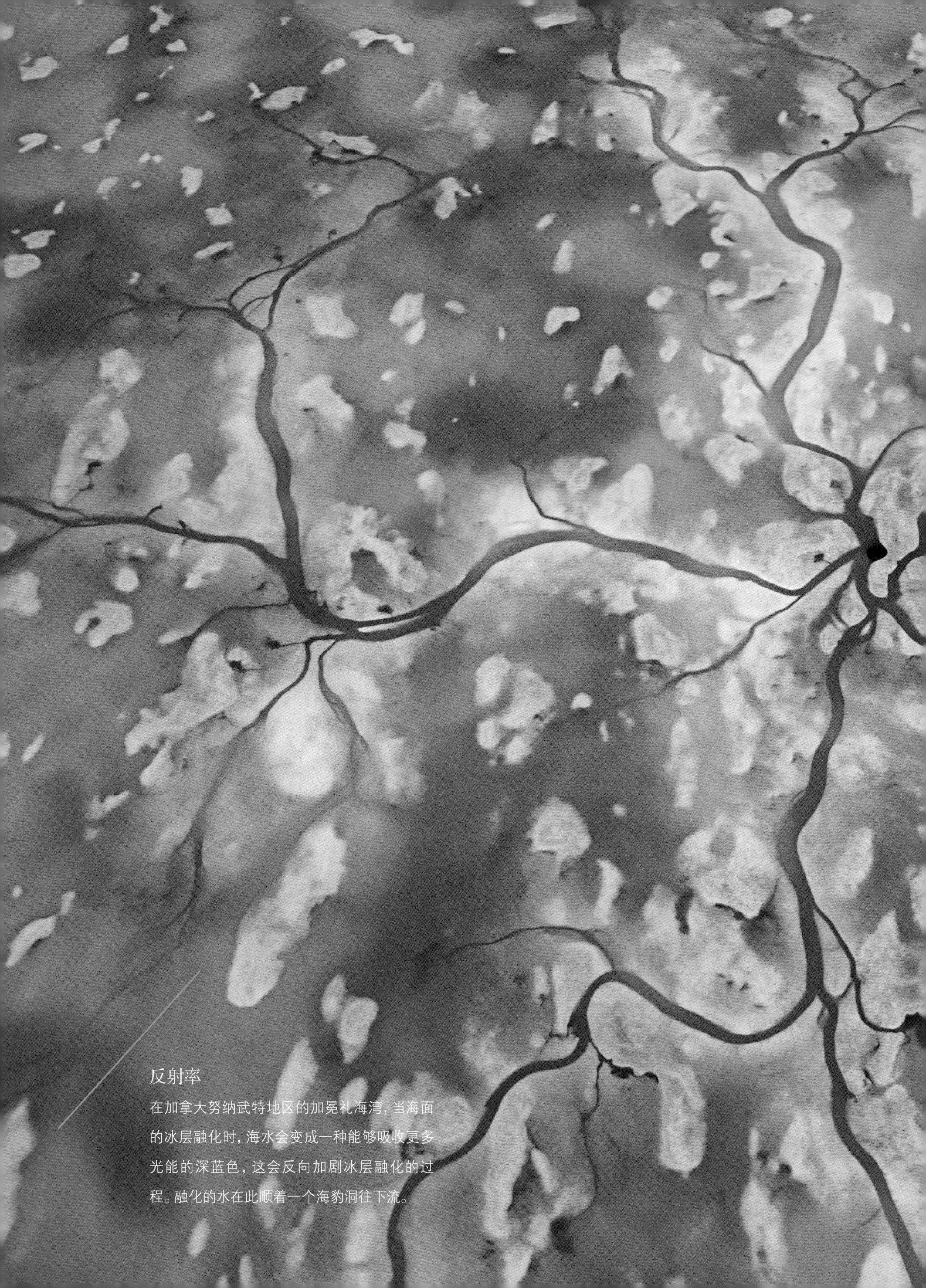

反射率

在加拿大努纳武特地区的加冕礼海湾，当海面的冰层融化时，海水会变成一种能够吸收更多光能的深蓝色，这会反向加剧冰层融化的过程。融化的水在此顺着一个海豹洞往下流。

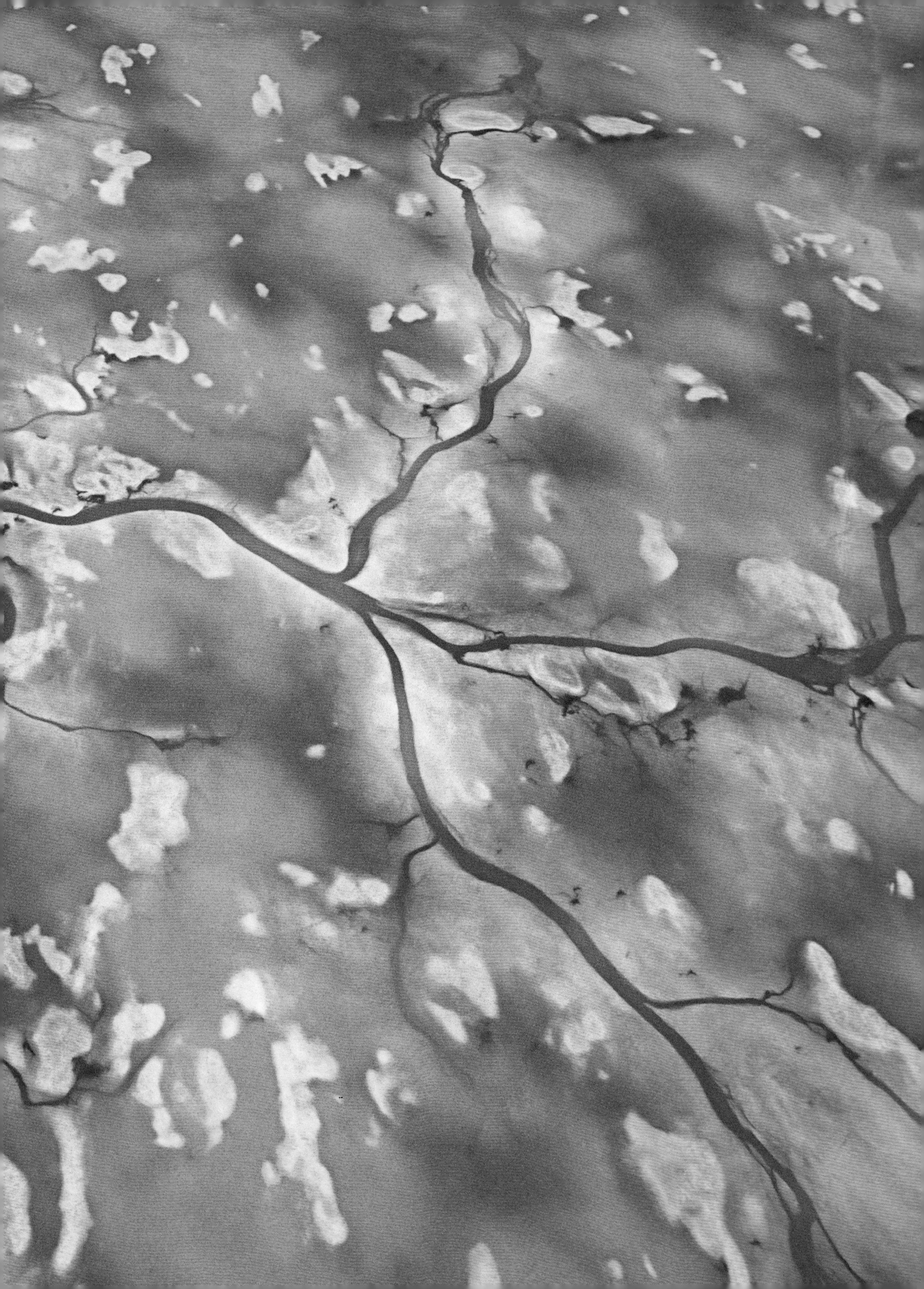

消失的世界

在挪威斯瓦尔巴群岛，海面的浮冰每年都在递减，一只公熊正在嗅闻海豹的踪迹。

寻找海豹

一头北极熊正从海面浮冰上刚刚形成的缝隙中向下窥视。

耐心

在加拿大努纳武特地区的兰卡斯特海峡，
一头雌性北极熊正在等待捕猎海豹的机会。

冰川攀爬者

在挪威斯瓦尔巴群岛，一头巨大的雄性北极熊正走出海水。它强壮而优雅，毫不费力地把自己重约360千克的身体拖出海面，在冰面上留下了一小块流淌的瀑布。

山间漫游者

在挪威斯瓦尔巴群岛，四周的群山让一头巨大的雄性北极熊显得十分渺小。

潜入兽穴

在挪威斯瓦尔巴群岛，

一头巨大的北极熊走入冰山洞穴时留下一串脚印。

极地的拥抱

在加拿大曼尼托巴省的哈德逊湾，一头北极熊在打盹儿时抱住了一团雪球。

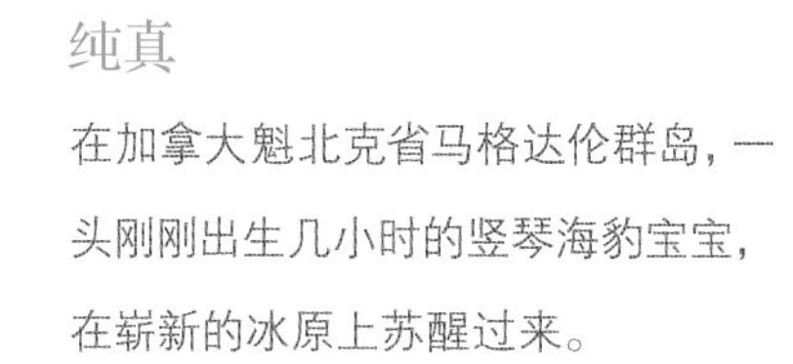

纯真

在加拿大魁北克省马格达伦群岛，一头刚刚出生几小时的竖琴海豹宝宝，在崭新的冰原上苏醒过来。

向着北风而生

在加拿大魁北克省马格达伦群岛，

一头竖琴海豹宝宝喝足了母乳后，

在冰面上伸懒腰。

坚定不移

在加拿大魁北克省马格达伦群岛，一头雌性竖琴海豹走出海水后，胡须在寒冷的北极风中冻成了冰。无论面对什么样的情况，它都会竭尽全力抚养新出生的幼崽。

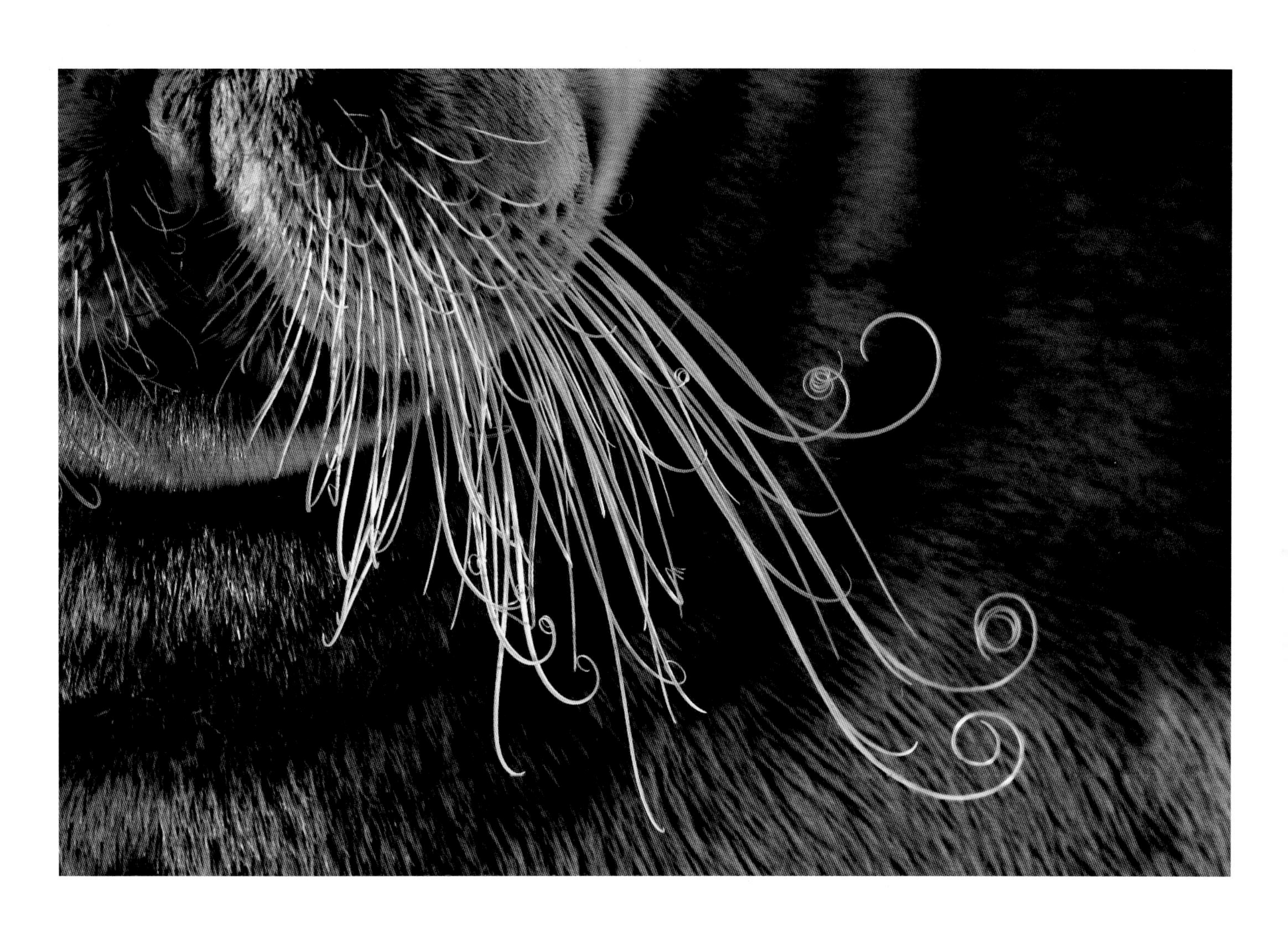

胡须

在挪威斯瓦尔巴群岛，一头髯海豹的胡须在寒冷的北极风中打着卷。

改变之池

在挪威斯瓦尔巴群岛，由于温度不断上升，冰山顶部形成了一汪融化的雪水。

驯鹿特快

在挪威斯瓦尔巴群岛，
一头驯鹿奔跑着穿越冻原。

暴风雪中的驯鹿

在挪威斯瓦尔巴群岛，为了寻找裸露在冻原上的苔藓，驯鹿们在强风和吹雪中艰难行进。

白色猎人

在加拿大曼尼托巴省哈德逊湾，一头身披美丽冬季体毛的北极狐正在追踪它的猎物。

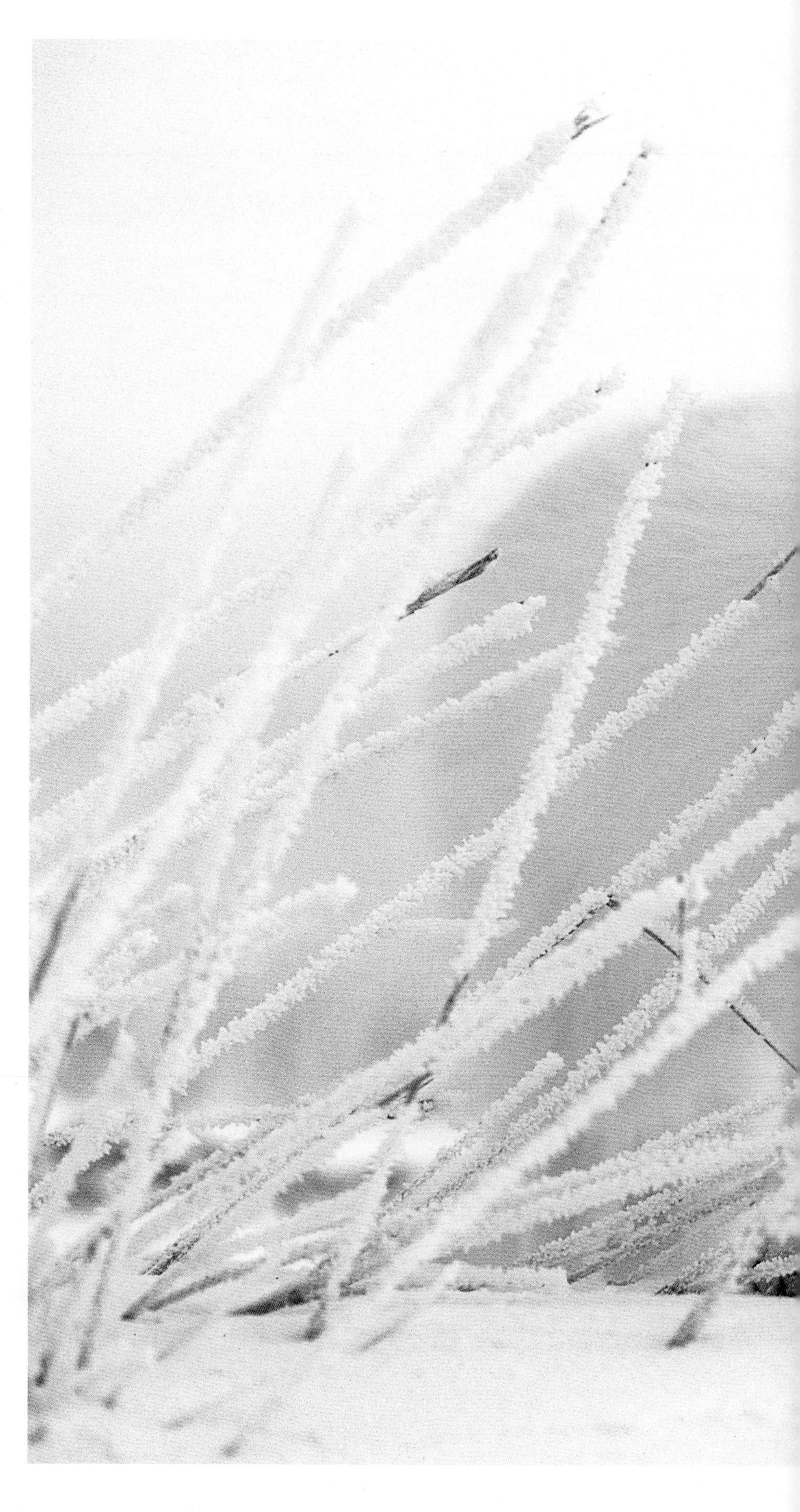

蔚蓝的湖水

在加拿大育空地区的墓碑山地公园，山中的湖水因为冰川里的泥沙而显现出蓝色，迎着秋日初雪发着光。

极地飞翔

在阿拉斯加，一只白头海雕在暴风雪中艰难地飞行。

冬眠时间

在加拿大育空地区，秋季逝去，冬日来临，雪落在渔支河上，一头熊正准备进入冬眠。

上冻

在加拿大育空地区，一头在渔支河中扑食鲑鱼的雄性棕熊全身覆盖着冰。

冰原上的奔跑者

在加拿大育空地区的渔支河上，一头棕熊正在追逐大马哈鱼。

秘密行动

在加拿大育空地区，加拿大猞猁在追捕猎物，它是北方的隐蔽高手。

破裂

在加拿大努纳武特地区的兰卡斯特海峡，阳光在春季重回北极，随着气温的攀升，冰面逐渐瓦解破裂。

走入迷宫

在加拿大努纳武特地区的兰卡斯特海峡，一群独角鲸正游经冰面断裂开的海面。

冬日黎明

在挪威斯匹次卑尔根群岛，黑暗的寒冬之后，太阳重新回到北极圈，充盈的光线被山间的雪反射开来。

极地留痕

在挪威斯瓦尔巴群岛，一头北极熊在降雪时穿越海面的浮冰，新雪被它的自重压实。很快有一阵强风吹过，北极熊留下的足迹便被封印在了北极的荒原中。

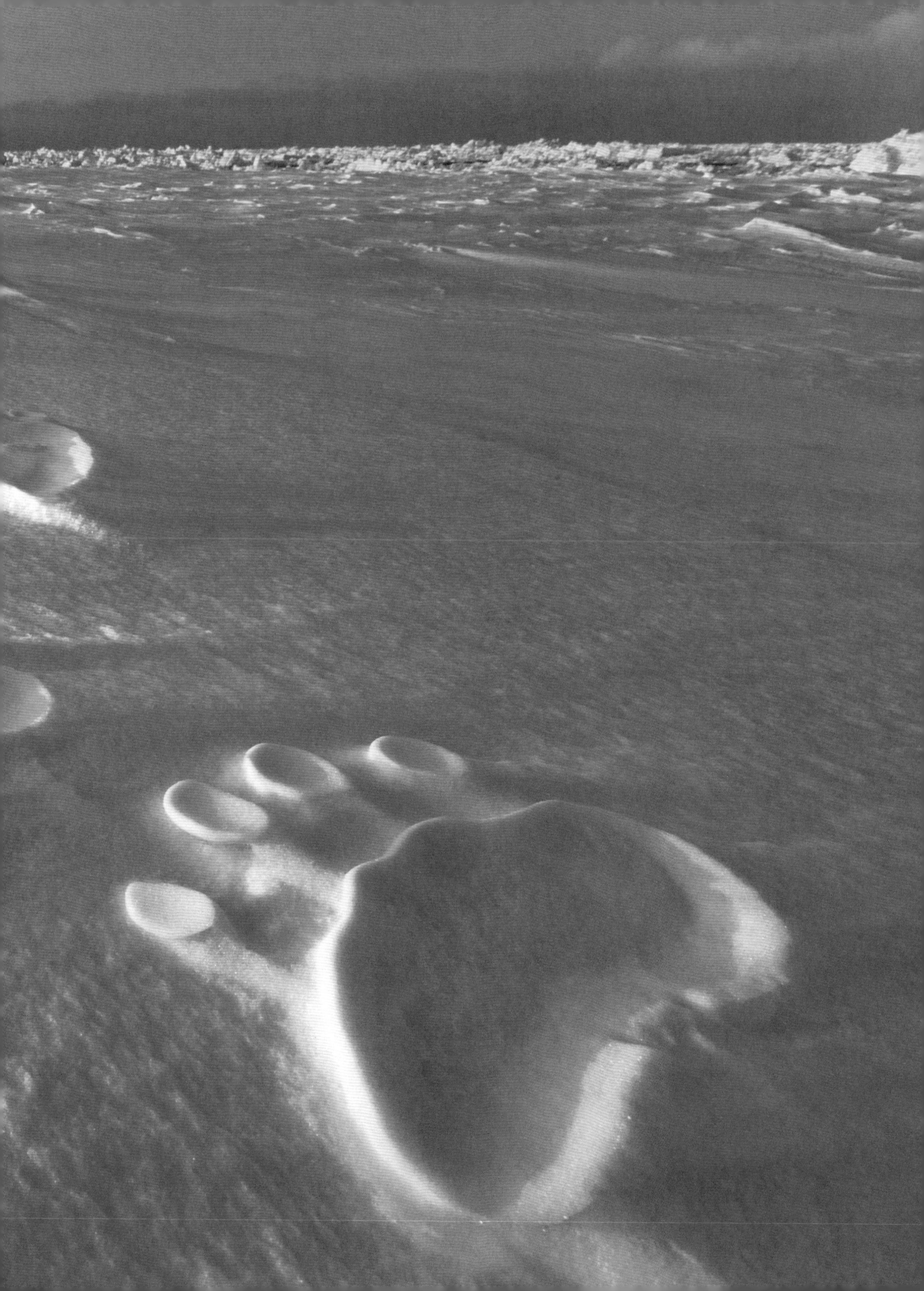

冰与火

加拿大努纳武特地区埃尔斯米尔岛上，凌晨1点，在零下45摄氏度的冰面上，一头巨大的北极熊刚刚在对战中负伤，阳光下的它闪耀着红色的光芒。

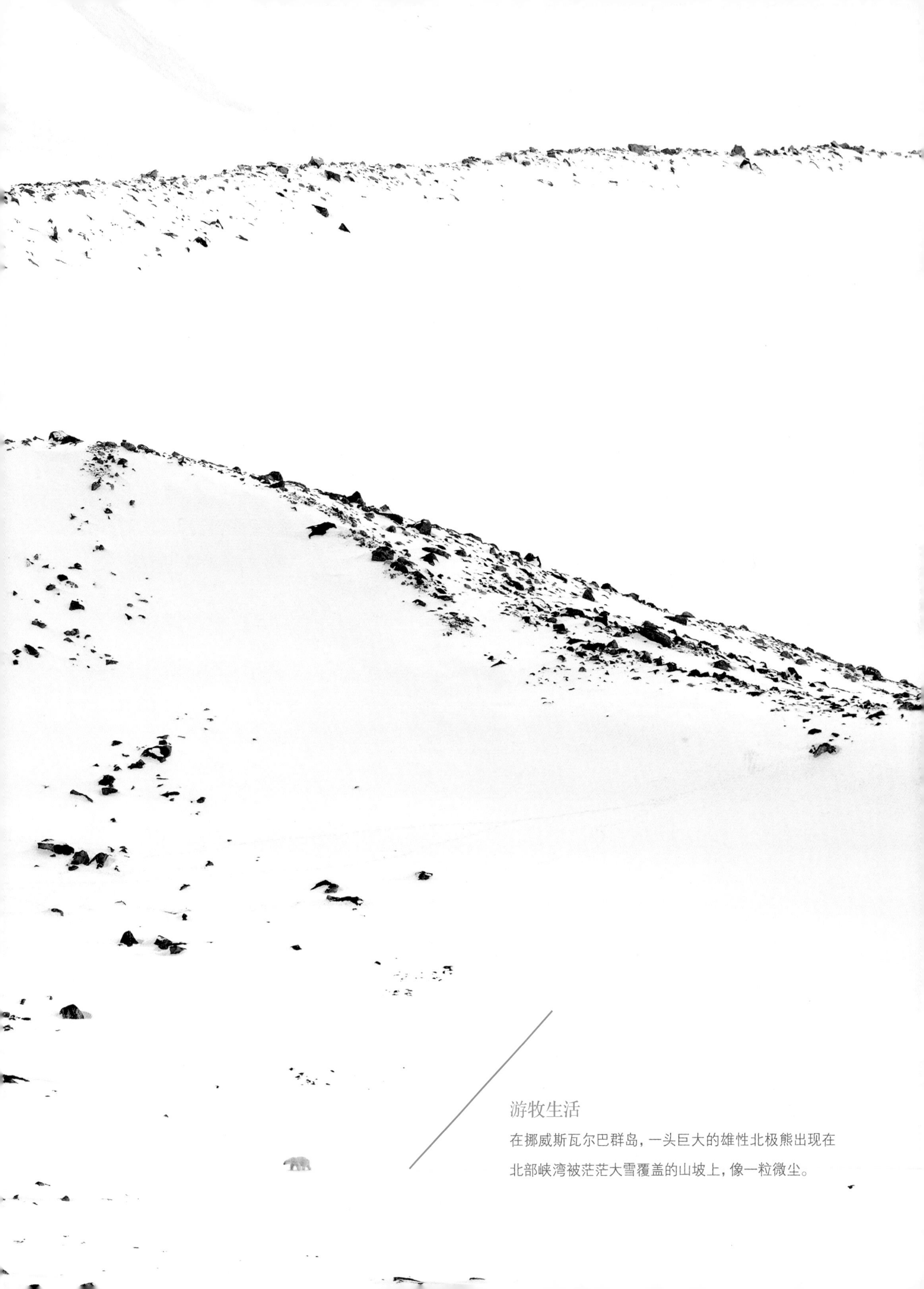

游牧生活

在挪威斯瓦尔巴群岛，一头巨大的雄性北极熊出现在北部峡湾被茫茫大雪覆盖的山坡上，像一粒微尘。

暴风雪

在加拿大曼尼托巴省哈德逊湾，一场严酷的暴风雪中，一头北极熊把鼻子埋入雪中。

被困雪中

在挪威斯瓦尔巴群岛，一头巨大的雄性北极熊正沿着海岸在厚厚的粉状雪中前行。

极地之舞

在加拿大曼尼托巴省哈德逊湾，北极熊们完全不顾暴风雪，站起身，用拳头击打对方。

极地之旅

在挪威斯瓦尔巴群岛，雪融之后，海象们出发寻找沙滩以养育幼崽。在这个过程中，它们更容易殒命于北极熊之口。

北极的智慧

在挪威斯瓦尔巴群岛，一头又大又老的北极熊正扫视着峡湾，等候任意一头漂流过海或在海面浮冰上缺少警惕心的海豹。

再生

在加拿大育空地区，水从风雨如磐的天空落在皮尔分水岭上。

河川之王

在阿拉斯加卡特迈国家公园，冬眠前夕，一头负责守卫领地的雄性科迪亚克岛棕熊正在狼吞虎咽地吃着鲑鱼。

守护者

在阿拉斯加卡特迈国家公园，以鲑鱼为食的熊崽们毫无后顾之忧，因为有它们的母亲在河边维持秩序。

佳肴

在阿拉斯加卡特迈国家公园，一头棕熊正用自己的长爪挑取粉红鲑鱼身上肉质最好的部分。

蹭树的棕熊

在加拿大育空地区渔支河的岸边，一头棕熊正把自己的气味留在一棵树上。

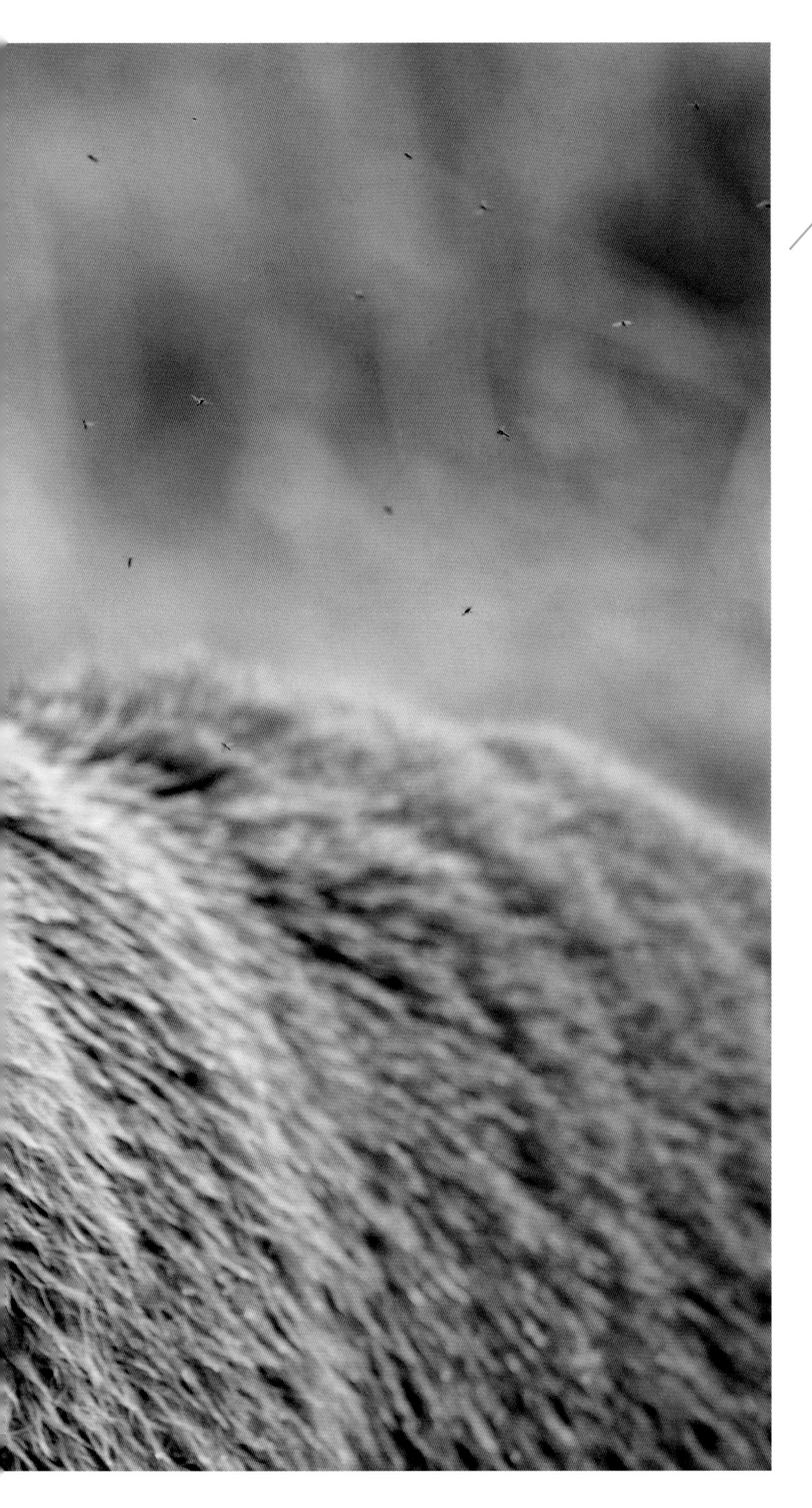

优雅

在阿拉斯加卡特迈国家公园，一头母熊总是处于警觉状态中，为了幼崽的安全，它一直在扫视着周围。

P134—135 ›››

皮尔分水岭的交错支流

在加拿大育空地区的皮尔分水岭，一条交错的河流正蜿蜒向前。

冰上漫步者

在挪威斯瓦尔巴群岛，有一头我见过的最坚韧、獠牙最长的海象。

分开的世界

在格陵兰岛，一头海象在离岸捕食蛤蜊后回到岸上。

深海居住者

在格陵兰岛，一头雄性海象在捕食完蛤蜊后，突然冲出海泥，冲向海面。

象牙巨人

在挪威斯瓦尔巴群岛，一头孤独的雄性海象正在一块海面浮冰上休憩。

P144—145

“睡衣”派对

在挪威斯瓦尔巴群岛，海象会睡在彼此的身上，并利用身体产生的热量来加速蜕皮的过程。

水舌

在挪威斯瓦尔巴群岛东北地岛的冰盖上，融化的雪水从一个洞中倾泻而下。

朝向天空

在加拿大努纳武特地区兰卡斯特海峡，一群独角鲸浮上水面透气时，小心地挥舞着它们长长的长牙。

哨兵

在加拿大努纳武特地区兰卡斯特海峡，独角鲸们会在捕食的间隙，把它们的长牙放在彼此的背上进行休息。

结冰

在挪威斯瓦尔巴群岛，在寒冷的北极之夜，峡湾海面开始结冰。

垂直的盛宴

在挪威罗弗敦群岛，一头座头鲸正向天空跃起，鲱鱼从它的口中倾泻而出。

夕阳下的鲸鱼尾鳍

在挪威罗弗敦群岛，太阳落至地平线，
一头座头鲸最后一次甩起巨大的尾鳍。

长牙动物

在加拿大努纳武特地区，一群长着长牙的独角鲸正聚集在兰卡斯特海峡。

鲱鱼猎手

在挪威罗弗敦群岛，冬季会有大量鲱鱼游入峡湾，成群结队的虎鲸总是紧随其后。

对视

在挪威罗弗敦群岛，一头巨大的雄性虎鲸游过来仔细查看，这让我充满了前所未有的感激和敬畏之情。

虎鲸的芭蕾

在挪威罗弗敦群岛，一头虎鲸深深地潜入海中，此刻它正被一群鲱鱼环绕着。

P166—167 》》

狂野的鲸群

一群虎鲸在海中一起游动，为了寻找来到挪威北部峡湾越冬的大型鲱鱼群。

活跃的家族

虎鲸一家在挪威北部的峡湾里拼命寻找大群的鲱鱼。

北极之舞

极光在挪威北部峡湾的上空舞动。

古老的泡泡

在挪威斯瓦尔巴群岛，冬去春来之时，海面冰层下形成的泡泡。

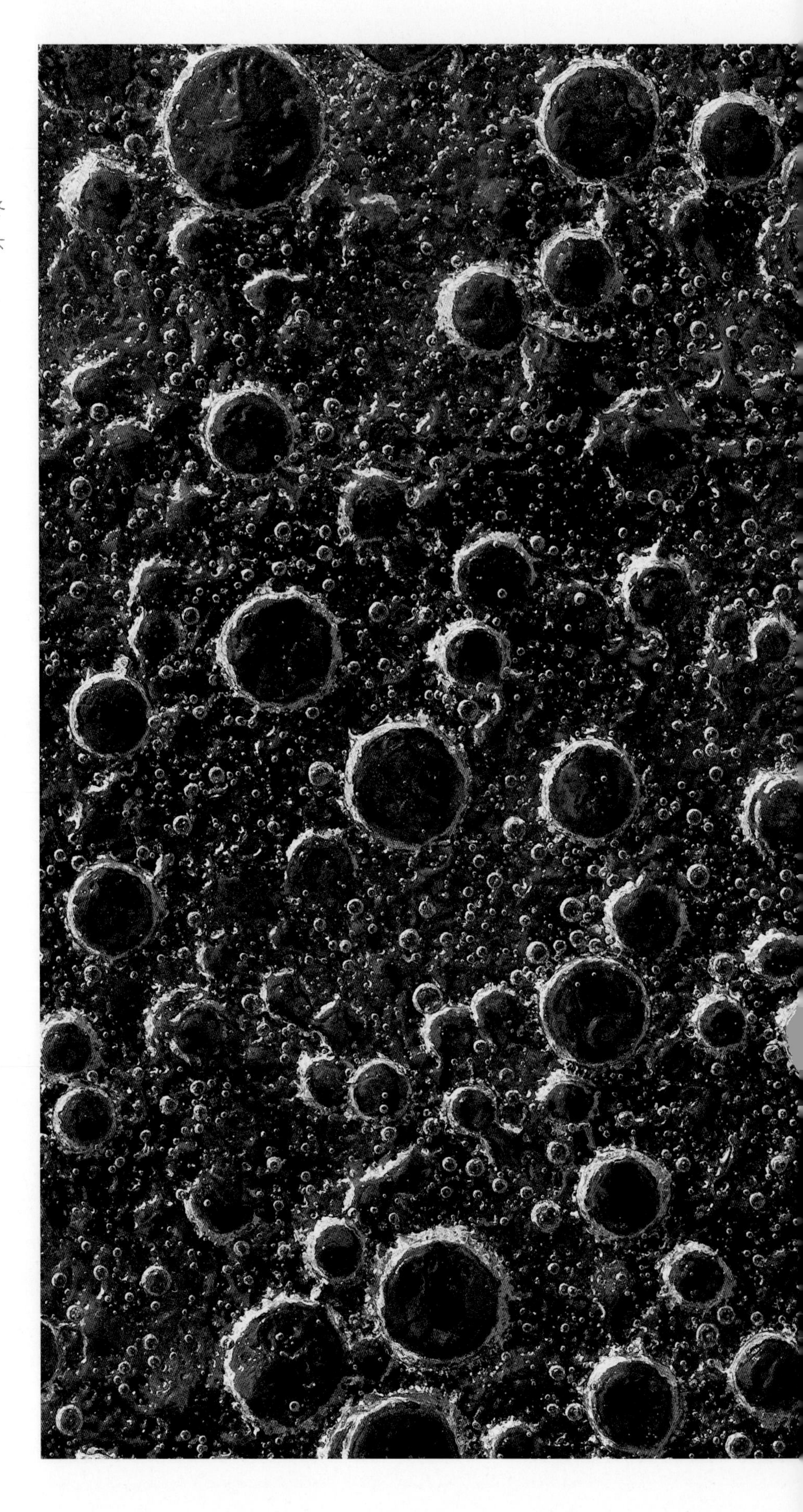

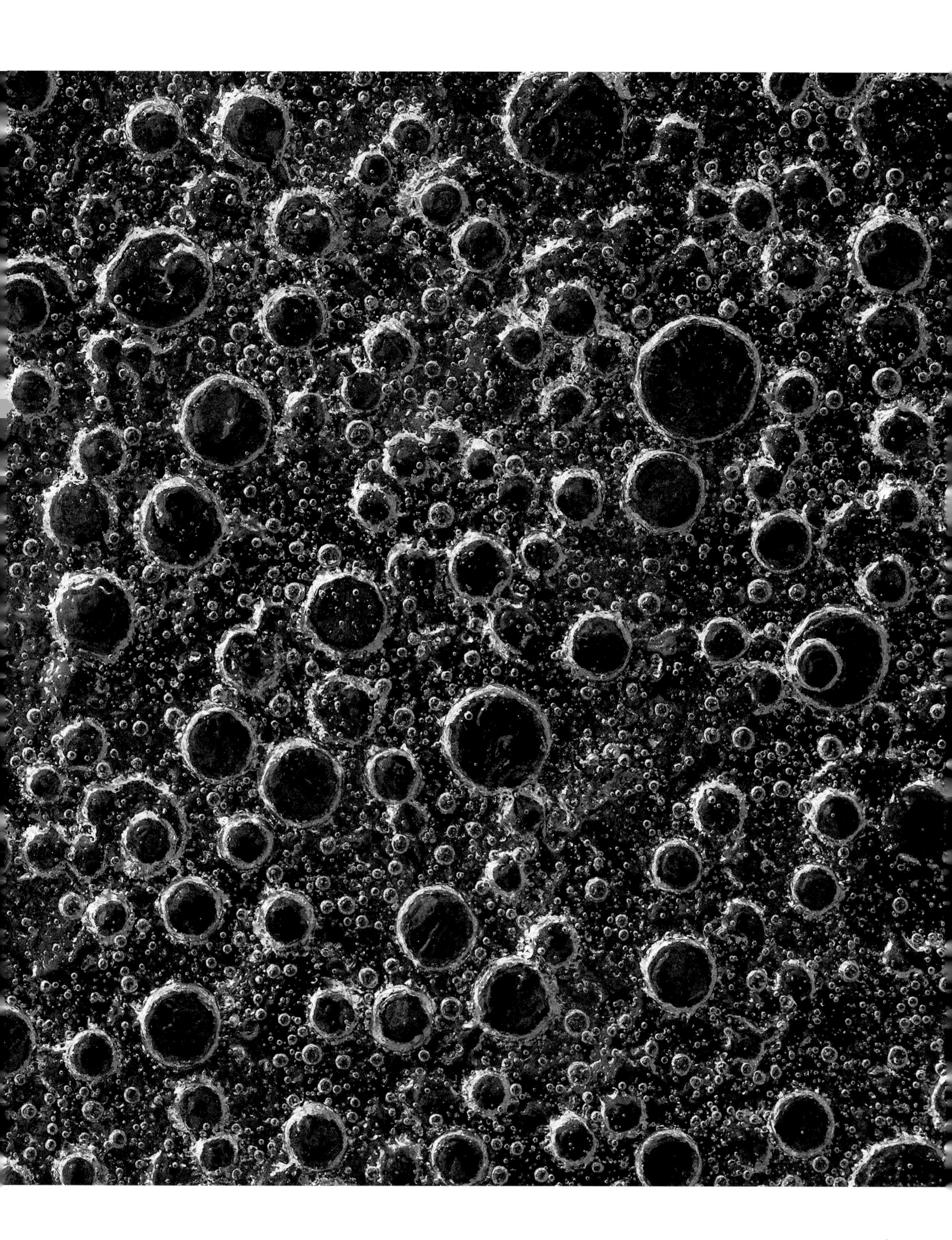

生活在冰原边上

格陵兰岛的猎人和他们的雪橇犬队聚在冰面附近，等待海象的出现。

旅程

在格陵兰岛上，一位因纽特猎人正带领着他的雪橇犬队伍朝着浮冰边缘行进。

年轻的皮里

阿列卡斯亚齐·皮里是海军少将罗伯特·皮里的玄孙，他讲述了一个关于北极圈迅速变暖的故事。此时他正身处格陵兰岛。

北极的智慧

奈曼吉图克·克里斯蒂安森（Naimanngitushok Kristiansen）是一位生活在格陵兰岛北部的因纽特猎人，越过他的肩膀可以看到广袤的海上冰原。

北部的“发动机”

在格陵兰岛卡纳克，外出回来的雪橇犬们飞快地往家的方向奔去。

北方最后的猎人

在格陵兰岛，猎人们爬上冰山，观测周围的冰原上是否有海豹的踪迹。

一群雪橇犬

一群格陵兰岛上的雪橇犬迫不及待地想要去拉雪橇。

薄冰之上

在格陵兰岛，一群雪橇犬冲垮了只有30厘米厚的海上冰层。令人悲伤的是，有一只雪橇犬在这次事故中丧生，但是英勇的猎人们救下了剩下的队伍。

孤独的旅程

在挪威斯瓦尔巴群岛，一头孤独的北极熊正沿着浮冰的边缘行走。

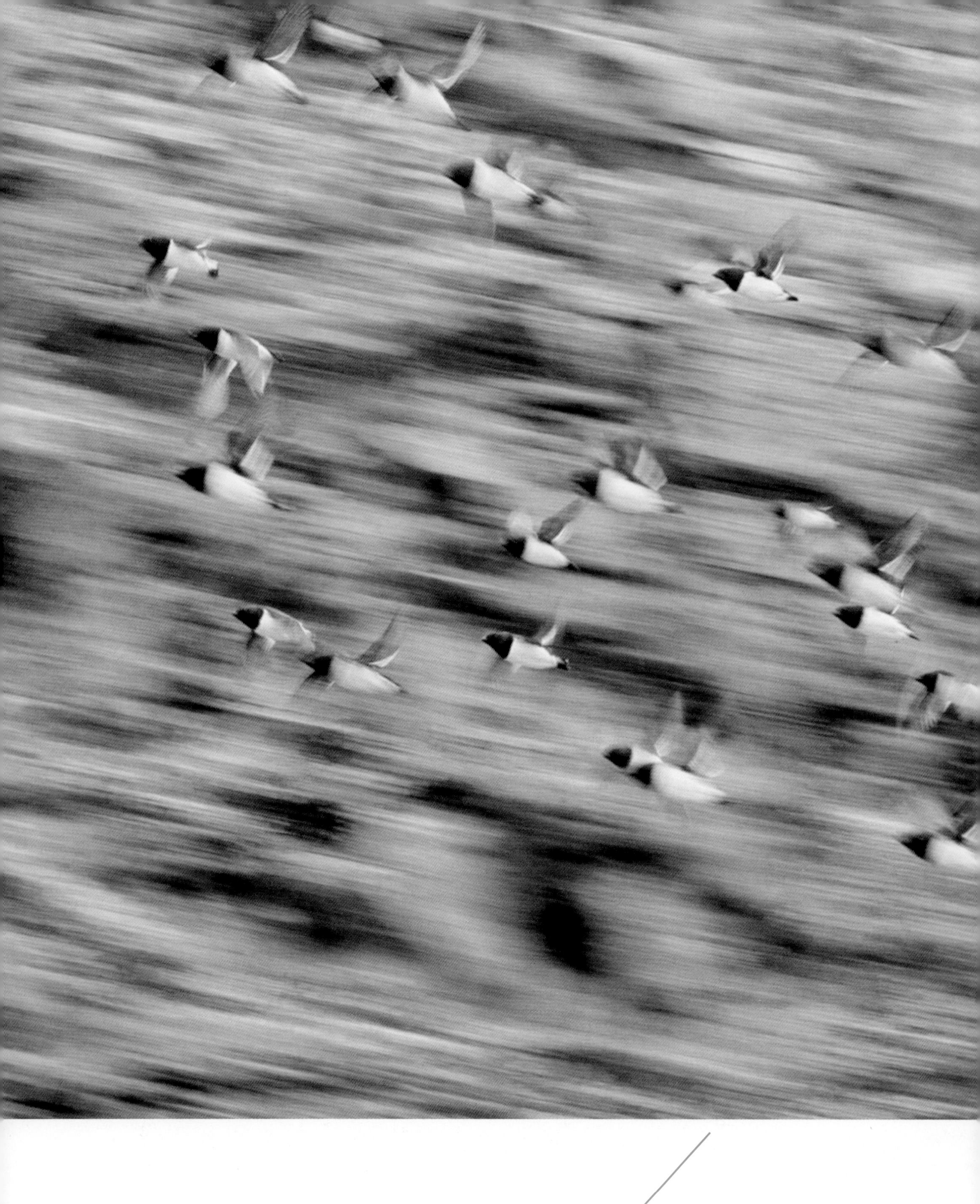

海雀之争

在挪威斯瓦尔巴群岛，侏海雀带着捕获的食物飞回自己的领地喂养幼雏。

冰渊

在挪威斯瓦尔巴群岛，一只三趾鸥正在冰山之间翱翔。

冰海中的巨兽

在加拿大努纳武特地区的兰卡斯特海峡，一头露脊鲸在海底冰层饱餐了一顿甲壳类动物之后，跃出海面。

生于冰原

在南极洲的罗斯海上，一只吃饱喝足、充满安全感的小企鹅显得悠闲放松，这离不开它细致入微的家长给予的支持和承诺。

ANTARCTICA
南 极

鲸鱼尾鳍

当一头座头鲸潜入磷虾群时，
水从它的尾鳍上倾泻而下。

生生不息

南极洲南乔治亚岛的海滩是地球上动物密度最高的地方。

黑色池塘

在南极洲雷麦瑞海峡，冰山消融，重归生态系统。

勇敢一跃

帝企鹅们从南极洲的罗斯海中跃出。

聚集

在南乔治亚岛的索尔兹伯里平原，土地上密密麻麻地排列着王企鹅。

姿态

在南极洲南极半岛，一头豹海豹把身体拱起以展示它的真实大小。

滑下山坡的帝企鹅

帝企鹅们毫不费力地用自己的肚皮滑过南极洲的罗斯海。

守护领地

在南乔治亚岛的海边，一头首领雄性象海豹正在守护着自己的领地和妻妾。

蓝色环礁湖

在南极洲，一汪水填满了冰山的凹陷处。

凝视深渊

在南极洲的罗斯海上，帝企鹅们潜入海中去捕食冰鱼和磷虾。

ANTARCTICA
南 极

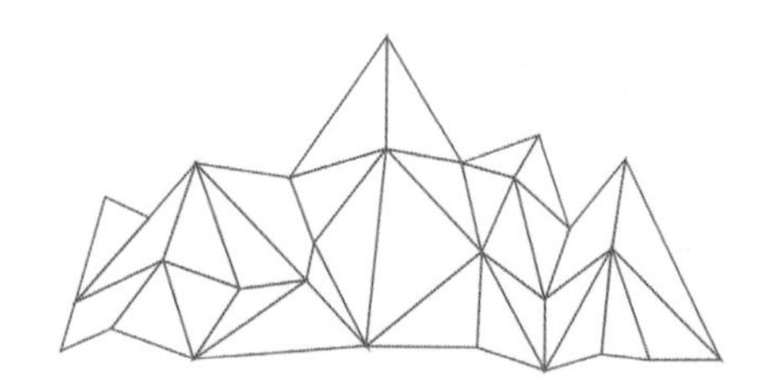

如果你足够幸运的话，可以细致地回想起某些难忘的瞬间或地点，在某时或某处，生活带来了一些奇妙的东西，使你永远改变。对我来说，那就是南极洲。

我们将在凌晨四点到达南乔治亚岛。船行向前，一小片土地在我们面前升起，大浪拍向远处裸露的海岸。我们找到了一个有遮蔽的着陆点，我独自来到岸上，在昏暗的黎明前四处摸索。这是我第一次来到这个传说中的岛屿，它只有165千米长，距离南极洲大陆不到1300千米。这片冰冷多山的小土地因野生生物的繁盛、捕鲸历史的悠久和探险家的高尚而闻名。上岸后，我跪在地上翻书包，整理相机、装备。我既没有想到欧内斯特·沙克尔顿爵士（Sir Ernest Shackleton）在这片海岸上英勇生存的故事，也没有想起那曾经蓬勃的捕鲸业，这个行业几乎毁了这片水域中的每一种鲸鱼，即使在海岸附近的捕鲸站全都破败了的今天也是如此。

此刻，我正全神贯注、手忙脚乱地摆放着设备，准备捕捉当天的曙光。当第一缕阳光突破地平线时，我感到一种奇怪的、被盯着看的感觉。我停下来，手持摄影机，抬起头来。肉眼所见，黑沙海滩上覆盖着大量好奇的企鹅和懒洋洋的象海豹，它们开始大吵大闹。当它们完全包围着我时，好奇的目光和呼唤就像是遥远土地的热烈欢迎。在这一刻，身处成千上万个野生动物当中，我完全实现了自己的梦想。

作为摄影师，我受过专业的摄影培训。在多年不懈的追求中，我已经学会了不受情绪控制来拍摄照片。但身处于如此重要而被信任的生态系统中时，我被情绪所困，不得不放下相机。我走在一条小山脊上，望着超过 20 万只王企鹅。当晨光照耀出它们羽毛上的鲜艳色彩时，我只是站在那儿，让我所见过最震撼的场景永久地印在我的脑海中。

怎么会有看到人之后如此处变不惊的动物？我竟然还能有幸站在它们之中！我在北极度过了数十年，在那里，我等待过难以捉摸的北极熊，也曾花几个月的时间徒劳地追踪独角鲸。然而，在这里，当我踏上陆地的第一刻，便遇到了大量完全不惧怕人的野生动物。梦幻般的场景在此时此刻实现。仅仅在几十年前，捕鲸者和猎人利用了这些动物的天真几乎毁灭了它们，但这些动物没有一个展现出对毁灭的回忆。在捕鲸行业最鼎盛的时期，猎人在这些野生生物拥挤的海滩上杀死了几乎所有的海狗和象海豹，灭绝了多种鲸鱼。这片水域曾经住着 185 000 只各种鲸鱼，但蓝鲸、长须鲸和露脊鲸现在已经完全消失。最终，这片土地上的大部分陆地物种恢复了，但多数鲸鱼暂时还没有。座头鲸开始逐渐返回南极大陆，而蓝鲸——地球史上最大的动物——却几乎没有恢复的迹象。

这些动物给了我们信任，给了我们第二次机会。但是，如果我们搞不清楚让这片土地整个生态系统蓬勃发展的原因，就找不到保护这个系统的机会。保护受人喜爱的动物（例如企鹅、海豹和鲸鱼）很容易，但是对于深水中毫无魅力的南极磷虾来说，我们人类很难与之共情。

当我们想到浩瀚的浮冰时，我们常常认为它们是荒凉而无生命的。但是，在那些巨大的冰冻海域下生长着浮游植物，浮游植物又养活了磷虾，而磷虾是南极洲所有生命的根基。南乔治亚岛拥有全世界最高的动物密度，正是靠那些微小的生物提供能量。南方海洋中的每个物种的生存，包括企鹅、海龟、海豹、豹海豹、鲸鱼和信天翁，都依赖于磷虾。有人认为，磷虾的生物量超过了人类的生物量，但即使是如此丰盛的磷虾，如今也受到两大威胁：海冰的消失和人类的过度捕捞。各种南极动物的食物来源遭到破坏，生命循环的结构基础受到威胁。

保护我们的星球，需要我们珍视每个物种，无论它多么微不足道或者多么庞大骇人。但区分善与恶、可取与不可取是人类的天性。对于大多数人来说，磷虾不在我们保护动物的雷达范围内，我们无法将早餐中的 ω-3 脂肪酸补充剂与整个南极生态系统的基础建立联系。在其他情况下，我们不只是无视，甚至会憎恨它们。有些生物（特别是掠食者）不讨人喜欢，保护它们而进行的斗争更具挑战性。豹海豹就是个典型例子。

豹海豹的名字会让人联想到可怕的野兽，它们对海洋当中最可爱的成员造成了严重威胁：它们吃企鹅。说实话，和这些豹海豹一同游泳，一开始让我很恐惧。但是，我一生的重要工作就是消除所有捕食者的神话和鬼话，使人们更好地理解它们。人类可不习惯于保护那些会吓到我们的生物。

如果有什么比未知更让人恐惧，那就是人脑中的成见。跳入豹海豹的世界总是让人充满犹豫。但是，在征服恐惧的过程中有可观的回报。如果我拍摄的照片能使你采取行动来保护这些动物及其栖息地，那么冒险是完全值得的。

大自然为我提供了目标、使命、激情和生活，我每天都心怀感激。在我临终的那一天，我不希望被奖项或杂志封面包围，我希望身边满是亲朋好友，我会同他们分享那些自然改变我生命的神奇时刻。这些时刻中，必然有那只大号的雌性豹海豹照顾我的温情，它连续四天一次又一次地尝试喂我吃企鹅；也有座头鲸带给我的震撼，那是在南极半岛附近，那头座头鲸竟然用胸鳍把我举了起来；

或者，我还会说那次看到食蟹海豹自娱自乐的场景，它艰难地爬到 20 米高的冰山顶部，一次又一次溜着冰滑入大海，只是为了好玩。

我们的不了解会扭曲我们对已经失去的东西的认知。但我们必须认识到在这个看似冰冷荒凉的偏僻地区，有着重要而复杂的生态系统。当我们了解到生活在冰下的数百万个微小生物的健康状况直接影响我们自身的生存时，我们就会行动起来，对我们共同的未来和生存所产生的影响负责。我们有很大的伤害能力，但也有智慧。知识是起点，而好奇心——去探究全球生态系统的奥秘——会引发行动。如果我们努力做到最好，那么我们一同做出的改变可以使南极洲摆脱毁灭性历史的重演。

超过 100 万只王企鹅在南乔治亚岛一带的海岸和海洋中游荡。站在山坡上，眺望广阔地球上的野生圣灵，心怀大胆的精神、满溢的希望和保护的急切恳求，我不住流泪。我希望《生于寒冰》中这些令人敬畏的图像和故事能让你像我一样坠入对神奇极地的热爱。我最大的渴望，是我们能作为人类共同体，聚集起真正的力量带来改变，去维护宏伟自然的神圣。

现在，我的镜头是你的双目。它们的世界，也是我们共同的世界。

请让我们一同保护它。

极地领导力

在南极洲，阿德利企鹅出海觅食之前，正在观测是否有狡猾的豹海豹出没。

极地跳水

在南极洲，一只勇敢的阿德利企鹅不顾危险，纵深跃入冰冷的南极海。

帽带企鹅骑士

在南极洲，年少的企鹅们正在南极半岛的巨大板状浮冰上休息。

食蟹者的聚会

在南极洲，食蟹海豹在捕食磷虾的间隙，把自己封印在海冰上晒太阳。

谨慎登陆

在南极洲南极半岛，一只巴布亚企鹅在离岸前仔细检查，以确保海岸上没有豹海豹出没。

豹海豹的洞穴

在南极洲的南极半岛，一只豹海豹正在布满岩石的冰冷海岸边巡逻。

休憩

在南极洲雷麦瑞海峡，一只豹海豹正在一块浮冰上休息。

墙

在南极洲南极海峡，一块巨大的板状浮冰在海峡中漂浮，
它的底部深入海平面以下几十米。

馈赠

在南极洲，一头体格庞大的雌性豹海豹要送我一只企鹅。

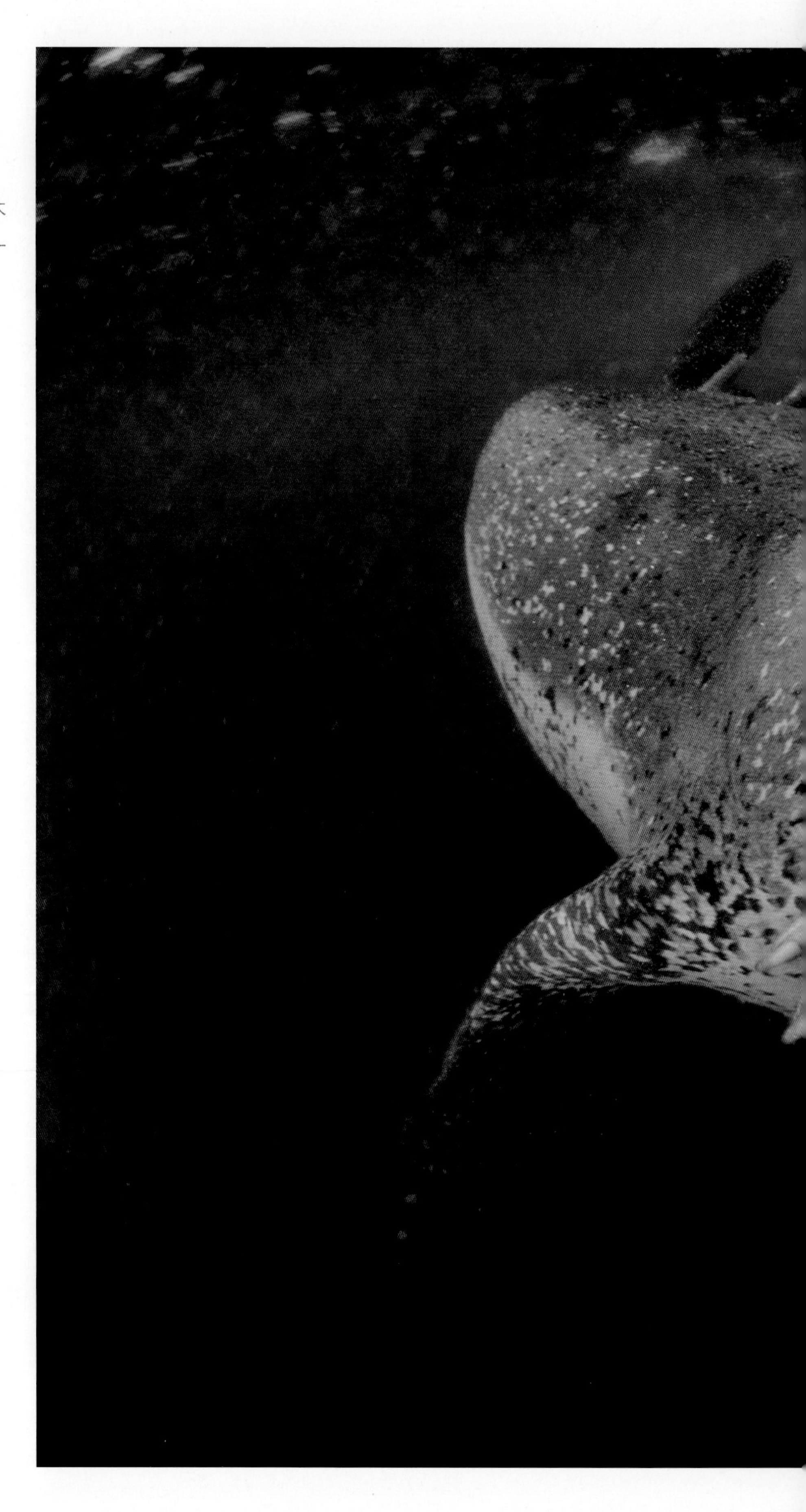

姿态

在南极洲南极半岛，一头豹海豹尽力把嘴张到最大，给出了一个玩笑式的威胁。

冰山上的水手

在南极洲，企鹅们在高耸的冰川上驰骋。

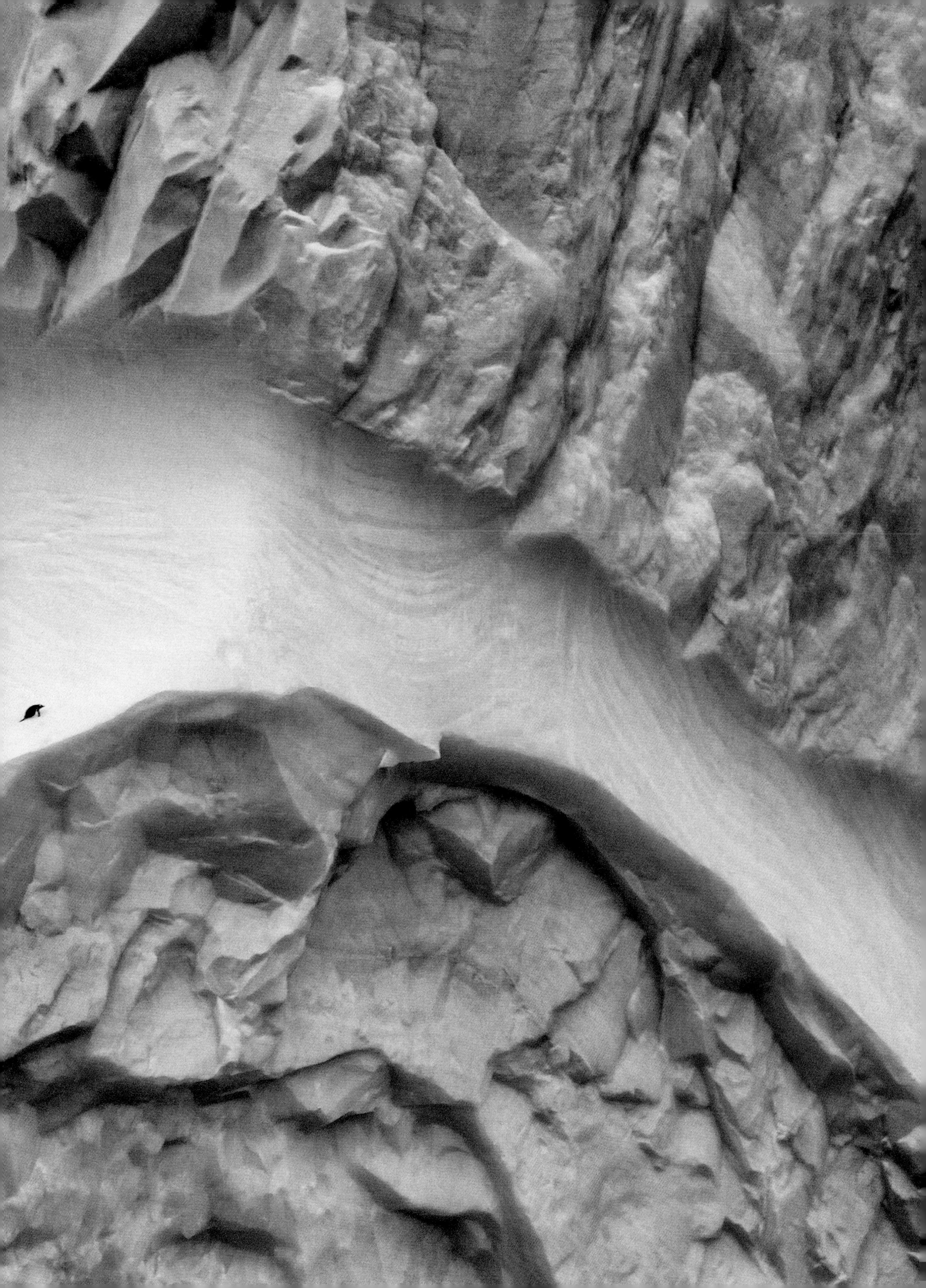

时间的形状

斗转星移，南极洲上，海浪和洋流渐渐侵蚀了一座冰山。

帝企鹅的倒影

在南极洲罗斯海，海洋表面倒映着帝企鹅的影子。

南极洲的旅行者

在南极洲南极海峡，一只帽带企鹅正紧贴着冰山的凹槽行走。

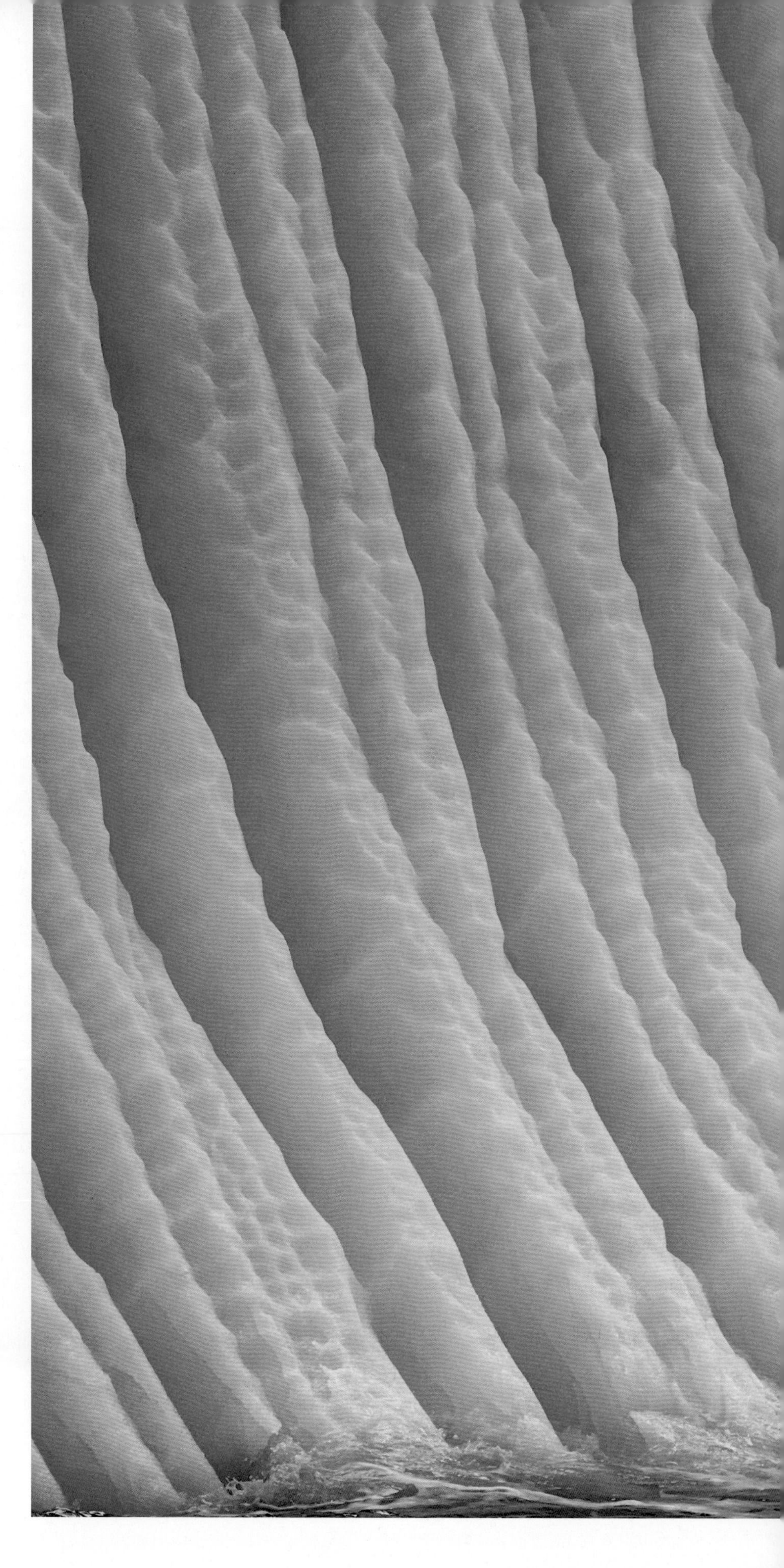

"王"的土地

在南乔治亚岛，正在筑巢的王企鹅沿着海岸线排布开来。

P252—253 ›››

有态度的阿德利企鹅

在南极洲，阿德利企鹅会以自己的态度、勇气和毅力来弥补身材上的劣势。图中，它们把帝企鹅推开了。

极地宫殿

一座冰山逐渐向南极洲的侵蚀屈服。

妻妾守卫者

一头重达3 600多千克的象海豹正在自己的妻妾面前吼叫，以此警告有敌意的雄性象海豹。

脆弱的宫殿

在南极洲，随着时间的流逝，一座漂亮的拱门悄然形成，但是几秒钟后，它就彻底消失了。

海滩之主

一头雄性象海豹正在猛烈撞击另一头重达3 600多千克的竞争对手，试图夺取“海滩之主”的头衔。

气泡释放

在南极洲罗斯海，当一只帝企鹅加速游向海面时，它的羽毛中释放出数以百万计的小泡泡。

自由

一只帝企鹅在跃出南极洲罗斯海海面时，在空中做了一次短暂飞翔。

帝企鹅快线

在南极洲罗斯海，从公海游回的帝企鹅们，肚子里塞满了鱼和磷虾，准备去喂养它们的孩子。

深潜

一头座头鲸在潜入深海捕食磷虾时，它的尾鳍在空中高高竖起。

抵抗强风

在南乔治亚岛，暴风雪中的王企鹅们蜷缩在一起。

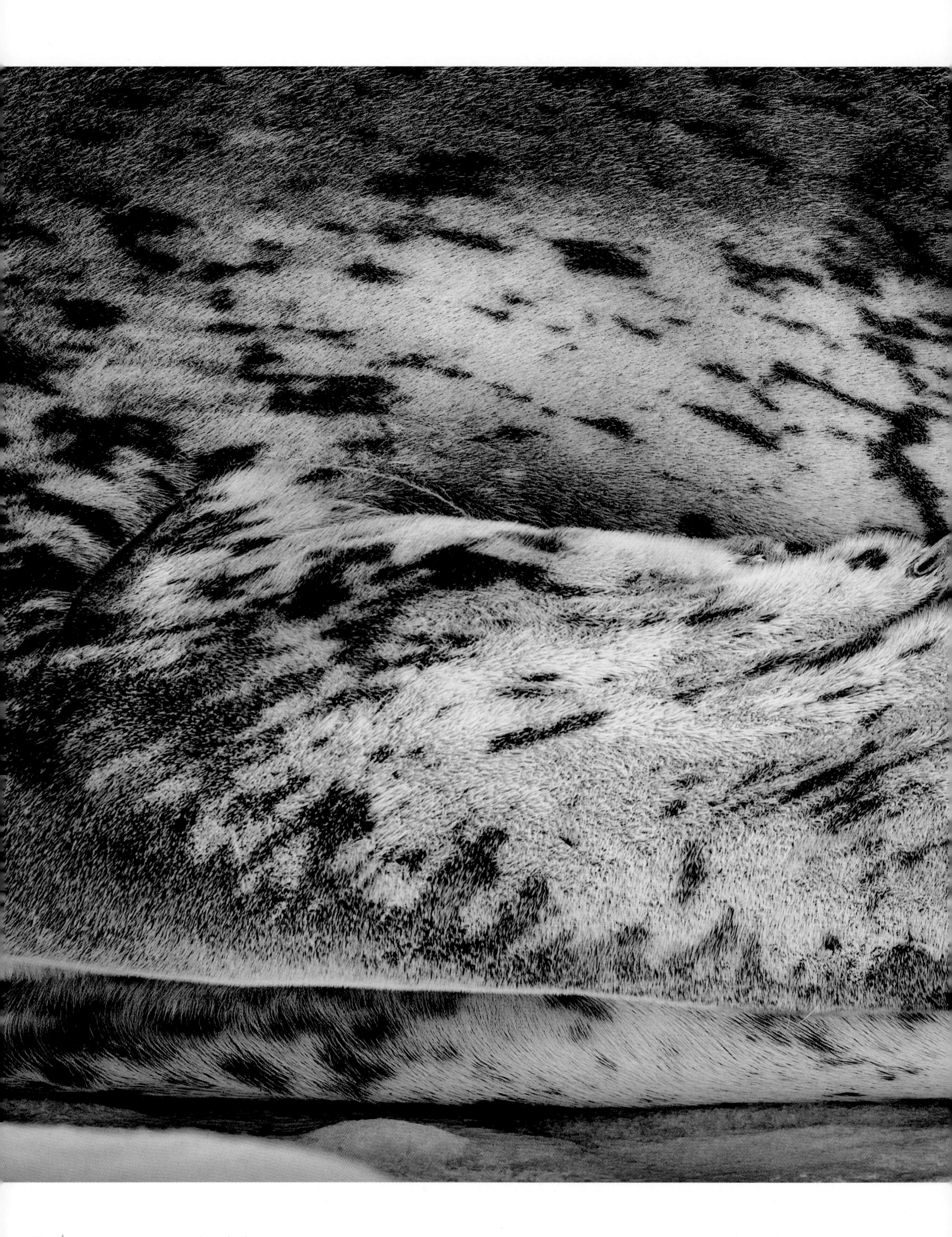

海中之豹

在南极洲，一头豹海豹的鳍足上点缀着斑点。

排浪

海浪影响了南极冰川被侵蚀的过程。

冰山的慰藉

在南极洲的一座冰山上，一大群阿德利企鹅不仅没有受到豹海豹的攻击，还可以在上面休憩。

"皇帝"三重奏

帝企鹅们隔着完美的间距，一同穿越南极洲的罗斯海。

王企鹅区

在南乔治亚岛，一只成年的王企鹅正在执行一项艰巨的任务——设法从成百上千只企鹅中找到自己唯一的孩子。

集会

在南极洲罗斯海，帝企鹅们正在寻找海面冰层上的一处开口，它们打算从那里潜入水中为自己的雏鸟觅食。

栖息地

在南极洲的罗斯海，帝企鹅们生活在墨尔本山的阴影之下。

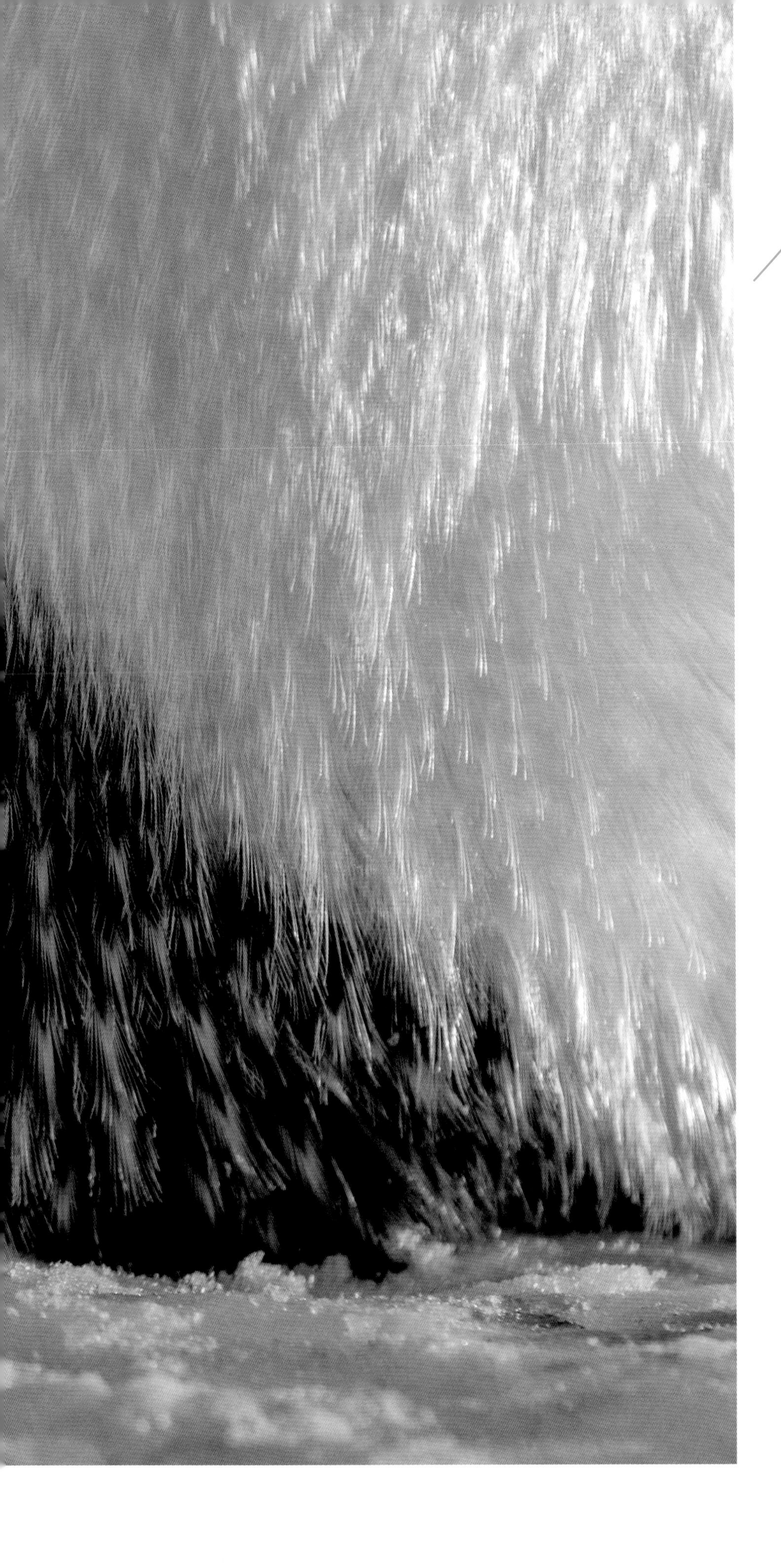

母亲的警觉

在南极洲罗斯海，帝企鹅妈妈正坐在一只小帝企鹅身上，让它远离捕食者的威胁。

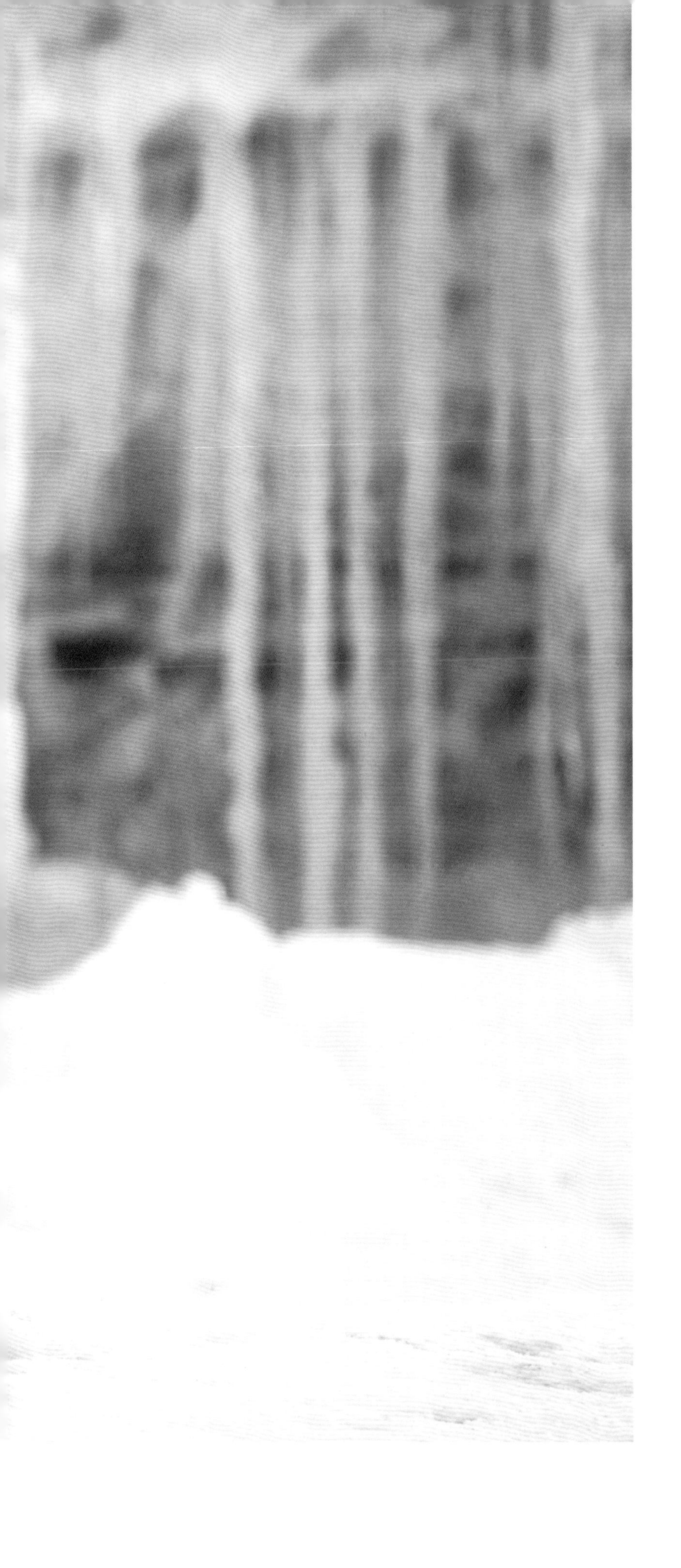

父母

在南极洲罗斯海，一对企鹅夫妇正共同努力，养育一只飞速发育的企鹅宝宝。

陪审团

在向大海进发之前，王企鹅们正在审视着周边的环境。

满身油光的国王

在南乔治亚岛，王企鹅身上的油能够避免它们的羽毛受潮。

晨间通勤

在南乔治亚岛，王企鹅们为了给它们嗷嗷待哺的雏鸟采集食物，列队朝大海进发。

变化的风景

在南极洲，一块冰川像河流一样流向大海。

分裂

在南极洲南极海峡，一座孤独的冰山很快地被分裂成两块，这是它们海上漂浮必须付出的代价。

蓝色的命运

在南极洲南极海峡，蓝色光晕穿透冰冷、清澈的深海。

自然的杰作

在南极洲南极海峡，板块冰山呈现出不同的形状和大小。

"海蛇"

在南极洲，一头豹海豹拱起身体，视察周边的环境。

冰冷的缓刑

在南极洲南极半岛，几只亚成体阿德利企鹅爬上了一座小冰山，终获安全。

劝导

在南极洲南极半岛，当我拒绝接受这头豹海豹馈赠的任何活物之后，它开始试图将死去的企鹅翻转到我的头上。

风暴来临

一座高耸的冰山正在海水中漂流，
风暴即将降临南极半岛。

冰塔

在南极洲南极半岛海岸附近，一座被冰封住的山让一座巨大的冰山相形见绌。

高强度觅食的巨鹱

一只南巨鹱正在南乔治亚岛岩石密布的海岸巡逻，准备觅食。

看得见风景的房间

在南极洲的欺骗岛上，帽带企鹅们通常在悬崖上筑巢。

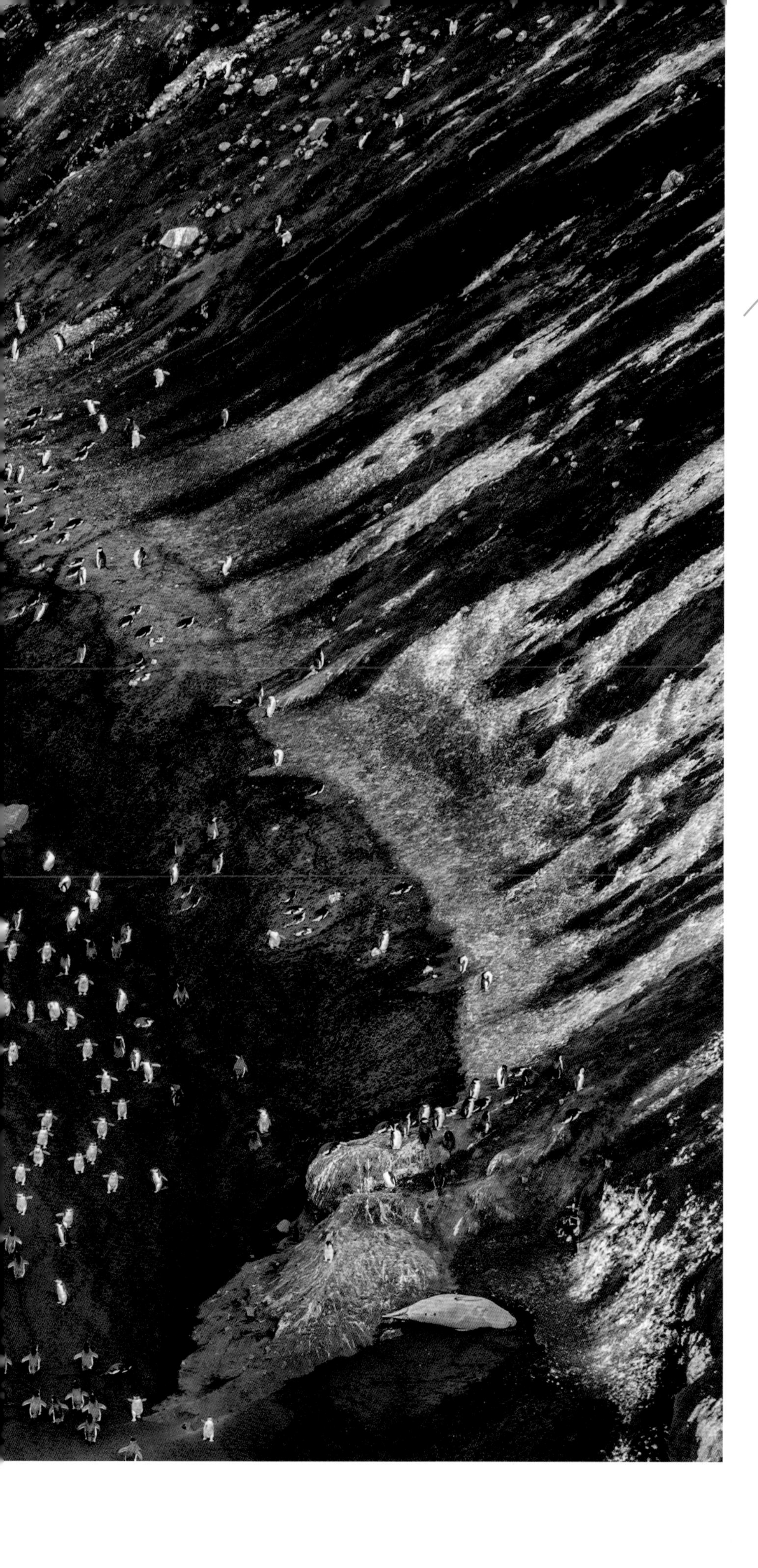

火山通勤

在南极洲的欺骗岛上，帽带企鹅和巴布亚企鹅正在来回走动。

孤独的虎鲸

在南极洲南极半岛，一块巨大的板状冰山让一头虎鲸相形见绌。

巴布亚企鹅

一群巴布亚企鹅正在南乔治亚岛的一座冰山山脚休憩。

P320—321 》》

山之王者

在南乔治亚岛的圣安德鲁斯海湾附近，高耸的群山被一大片王企鹅的栖居地环绕着。

BEHIND THE SCENES
幕后花絮

安装了无线电项圈后，准备野放的野生加拿大猞猁。

地点：加拿大西北地区

摄影：马克·萨布林

被一只大号的雌性豹海豹特别关注。

地点：南极洲

摄影：戈兰·埃米尔

灰熊幼崽玩弄遥控相机，灰熊妈妈吃鲑鱼。

地点：阿拉斯加

等待北极熊。

地点：挪威斯瓦尔巴群岛

在冰冷的南极海水中近距离拍摄象海豹。

摄影：戈兰·埃米尔

暴雪之后的海冰营地。

地点：加拿大努纳武特地区埃尔斯米尔岛

一头北极熊正在检查相机。

地点：挪威斯瓦尔巴群岛

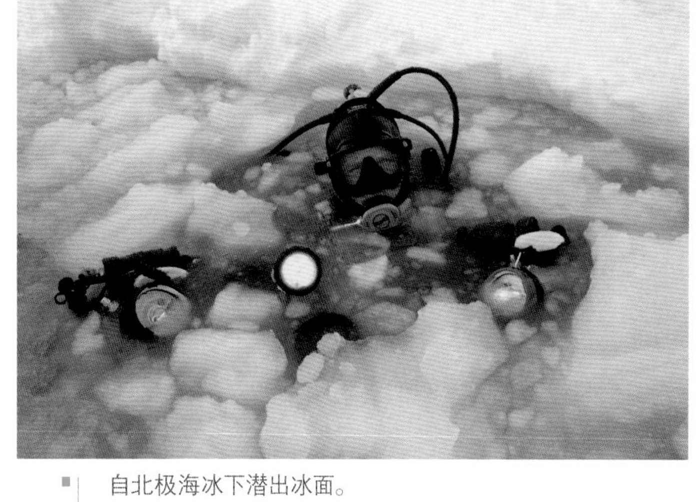

自北极海冰下潜出冰面。

地点：加拿大努纳武特地区

摄影：杰德·温加顿

好奇的海象正在靠近。

地点：格陵兰

摄影：马格努斯·埃兰德

帝企鹅从海中跃出，滑上冰面和企鹅群会合。

摄影：戈兰·埃米尔

栖身于冰山上，等待豹海豹回归。

地点：南极洲

摄影：戈兰·埃米尔

抱着两只小哈士奇。

地点：格陵兰

摄影：克里斯蒂娜·米特迈尔

ACKNOWLEDGEMENTS

致 谢

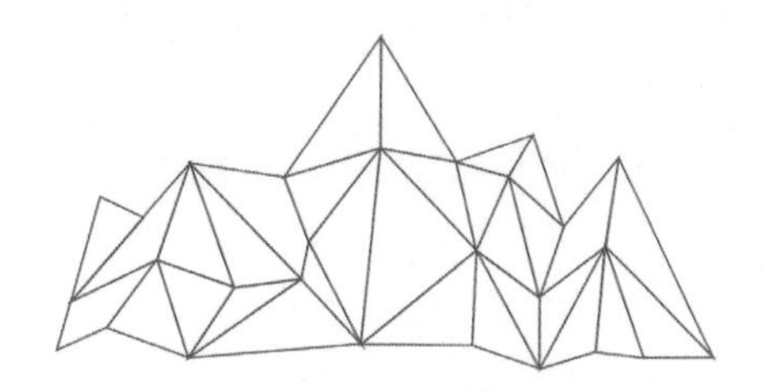

这本书是对所有允许我进入它们世界的野生动物的致敬。狂野而自由地漫游，是这些动物最擅长的事情，我为有机会出现在它们面前并见证这一切而深表谢意。

感谢成百上千的无名英雄和同事，你们与我共同了解并保护野生动物赖以生存的空间。你们孜孜不倦的能量激励着我，也带来了改变。

这本书内收集的照片是对极地热爱的艺术写照。我是相机背后的那个人，但是为了捕捉决定性的短暂瞬间，我很少孤身一人。首先，感谢我所在的海洋遗产（SeaLegacy）的整个团队。感谢我生活和冒险中的伴侣，也是我们那令人尊敬的保护组织负责人——克里斯蒂娜·米特迈尔（Cristina Mittermeier），你是我认识的最热情的人、环境保护主义者和摄影师。感谢那些穿越水、光和时间的奇妙旅程。感谢我的整个团队，这些人的付出比我“索取”的更多，他们是：米歇尔·杰纳勒（Michelle Genereux）、黛博拉·尼克松（Deborah Nixon）、伊恩·米恰鲁克（Ian Michayluk）、伊恩·凯利特（Ian Kellett）、德里克·拉什顿（Derek Rushton）、安迪·曼恩（Andy Mann）、基思·拉津斯基（Keith Ladzinski）、凯特·伯根（Kait Burgan）、肖恩·摩尔（Shane Moore）、多萝西·桑德斯（Dorothy Sanders）、迪恩·费舍尔（Dean Fisher）、泰勒·特林加斯（Tyler Tringas）、凯尔·罗普克（Kyle Roepke）、瑞安·蒂德曼（Ryan Tidman）、斯坦·雷兹拉夫（Stein Retzlaff）、埃里希·罗普克（Erich Roepke）、乔治·布朗(George Brown)、佐伊·克里斯坦森(Zoe Christensen)、莉安娜·尼克松(Lianna Nixon)和布雷安娜·莱克尼斯(Breanna Likness)。

戈兰·埃米尔(Göran Ehlmé),我亲爱的朋友,没有你,整个旅程会完全不同。你是如此优秀。我们曾一同和豹海豹、海象、帝企鹅、虎鲸玩耍,我知道我们的旅程才刚刚开始,未来20年,我们将一同有目的地冒险。感谢我亲爱的朋友迈克·吉尔(Mike Gill)和爱丽丝·吉尔-哈特林(Alice Gill-Hartling),你们同我分享了有关极地自救的丰富知识。

感谢菲尔·提姆帕尼(Phil Timpany),把我带到了灰熊天堂。你对这些巨大游猎者的了解和同情无与伦比。感谢教我弓箭手之道的克里·芬利(Kerry Finley),感谢杰克·奥尔(Jack Orr)和克里斯汀·莱德(Kristin Laidre),让我了解了关于独角鲸的研究。感谢我最好的朋友和野外同伴:杰德·温加顿(Jed Weingarten)、布莱恩·努特森(Brian Knutsen)、肖恩·鲍威尔(Shaun Powell)、彼得·马瑟(Peter Mather)和迪恩·古西(Dean Gushee)。

如果没有佐伊·克里斯滕森(Zoe Christensen)的热情、信念和信仰,就不会实现这个项目。感谢亨德里克·特尼厄斯(Hendrik teNeues)和整个teNeues编辑团队对这个项目的信心。我们大胆尝试,我相信这本书将有所作为。感谢Maptia的金·弗兰克(Kim Frank),他将我热情洋溢的话语翻译成清晰易懂的句子,让这个项目最终获得了升华。感谢让我们的团队回到南极洲进行保护工作的法律顾问珍妮特·李(Jeanette Lee)。感谢肯·盖格(Ken Geiger),他使我们所有人在整个项目中都处于高水准。感谢让我们畅享自由探索的切利·拉森(Cheli Larsen)。感谢林德布拉德/国家地理探险以及夸克考察队(Lindblad/National Geographic Expeditions and Quark Expeditions)提供的座驾。感谢本·里昂斯(Ben Lyons)、蒂姆·索珀(Tim Soper),以及埃约斯考察队的贾斯汀·霍夫曼(Justin Hofman)。感谢由雷·达里奥(Ray Dalio)和阿露西亚(Alucia)团队提供的从空中和潜水艇中体验南极洲的机会。感谢让这次特别的南极之旅得以成行的狄翁·庞塞(Dion Poncet)和朱丽叶·夏维(Juliette Charvet)。感谢与我们一起拍摄豹海豹的阿兰(Alain)和克劳丁·卡拉德克(Claudine Caradec)以及吉尔斯·里高(Gilles Rigaud)。感谢把我送回挪威斯瓦尔巴群岛的泰勒·汤姆森(Taylor Thomson)。感谢让这次精彩的探险可以成行的帕特里克博士(Dr. Patrick Freeny)、玛莎·弗里尼(Marsha Freeny)和乔恩·麦考马克(Jon McCormack)。感谢与我们一起拍摄鲸鱼和熊的埃里克·尼克松(Eric Nixon)、汤姆·康林(Tom Conlin)和约翰娜·多明格斯(Johanna Dominguez)。

感谢西蒙斯(Simons)一家,感谢你们慷慨地付出时间陪伴我们登上阿基米德号SMV多用途支援船——你们漂浮的家园。感谢全体船员,是你们团结在我们周围,支持我们创造改变。感谢维多利亚·丹尼斯(Victoria Dennis)、维克多·莫舍(Victor Mosher)和克里斯托弗·沃尔什(Christopher Walsh),感谢你们的热忱款待。

我还要向那些同我一起长时间奋战在实地的了不起的朋友们致以无限的感谢:德克斯特·库努(Dexter Koonoo)、安德鲁(Andrew)、丹尼·塔克(Danny Taqtu)、奈曼吉索克·克里斯蒂安森(Naimanngitsoq Kristiansen)、阿列卡斯亚齐·皮里(Aleqatsiaq Peary)、阿维维亚·彼得森(Avigiaq Petersen)、新西-尼尔斯·米格(Niihi - Niels Miunge)、吉莲·丹尼尔(Qillian Danielson)、吉迪恩·克里斯蒂安森(Gedion Kristiansen)、拉斯穆斯·阿维基(Rasmus Aviki)、米基利·克里斯蒂安森(Mikili Kristiansen)、库鲁塔纳(Kulutana Aviki)和彼得·阿维基(Peter Aviki)。祝你们远在加拿大北极圈和格陵兰岛家园的冰原和荒野能够得到保护。

我要以此纪念我的朋友卡尔·埃里克·威廉森(Karl Erik Wilhelmsen)、西格路克·阿库阿格(Seeklook Akeeagook)和蒂姆特·卡穆卡(Timut Qamukaq)。他们英年早逝,把生命献给了自己深爱的大地。我永远不会忘记我们在一起时的欢声笑语和在大自然中的宝贵经历。

感谢我来自纽约的朋友们:格雷戈里·科尔伯特(Gregory Colbert)、戴维·比尔(David Beale)和山姆·克里奇玛(Sam Kretchmar),是你们给我提供支持和无穷无尽的建议,让我得以看清这条原本并不确定的道路。感谢把我视作家人的理查德(Richard)、玛莎(Martha)、麦克斯(Max)、亨特(Hunter)、谢恩(Shane)和斯凯拉·汉德勒(Skylar Handler)。

感谢纽约保罗·尼克伦美术馆团队：约瑟夫·林（Joseph Lin）、马蒂·索尔－刘易斯（Maty Sall-Lewis）、安东尼奥·罗梅罗（Antonio Romero）、希普利·福尔茨（Shipley Foltz）、斯特凡妮亚·库库多瑙（Stefania Cucuteneau）、威尔·雷内罗（Will Rainero）和杰克·朱（Jack Chu）。

感谢我的家人，感谢你们给我的爱与鼓励：我了不起的母亲路易丝·罗伊（Louise Roy），我的兄弟亚伦·尼克伦（Aaron Nicklen），我的连襟马克·史丹纳（Mark Stainer），还有我的孩子们——米奇（Mickey）、约翰（John）和朱莉安娜·米特迈尔（Juliana Mittermeier）。是你们让我的生活变得如此丰盈。我还要感谢我已故的父亲大卫·尼克伦（David Nicklen），是你让我懂得了勤奋的价值。

这本书中的许多照片都离不开《国家地理》杂志提供的极好的项目机会、支持和信任。我由衷地感谢我的编辑凯西·莫兰（Kathy Moran），在过去的 20 年中，她一直是我的挚友并且在许多项目上给予我指导。感谢伊丽莎白·克里斯特（Elizabeth Krist）、肯·盖格（Ken Geiger）、大卫·格里芬（David Griffin）、史黛西·金（Stacy Gold）、克里斯·约翰斯（Chris Johns）、恩里克·萨拉（Enric Sala）、毛拉·穆希尔（Maura Mulvihill）、特里·亚当森（Terry Adamson）、约翰·格里芬（John Q. Griffin）、莎拉·利恩（Sarah Leen）、苏珊·戈德堡（Susan Goldberg）、布鲁克·鲁内特（Brooke Runette）、德克伦·摩尔（Declan Moore）、萨迪·夸利尔（Sadie Quarrier）、爱丽丝·基廷（Alice Keating），感谢你们的慷慨支持和友谊。我还要向《国家地理》杂志的原稿顾问福利普·尼克林（Flip Nicklin）和乔尔·萨托尔（Joel Sartore）致谢，没有你们的指导，这趟旅途将会完全不同。感谢安娜·玛丽亚·狄奥多里（Anna Maria Diodori）和《国家地理》意大利分社，当然还有在南极期间给我提供绝佳帮助的马里奥·祖切利（Mario Zucchelli）意大利研究中心的整个团队，如果没有你们，这些帝企鹅的照片将不会存在。

感谢汉娜·斯特拉格（Hanne Strager）、西米拉（Tiu Similä）、弗雷德里克·沃尔夫·特格鲁斯（Frederik Wolff Teglhus）、拉斯·伊文·纳特森（Lars Öivind Knutsen）以及丹麦自然历史博物馆，感谢我们一起拍摄虎鲸的时光。

开始

在南极洲罗斯海，一只小帝企鹅
在父母离开海岸去觅食的间隙，
正在感受周边的新环境。

SEALEGACY

海洋遗产

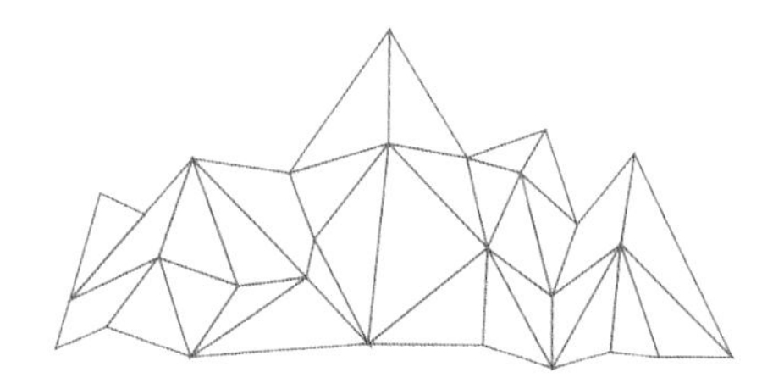

CREATING HEALTHY AND ABUNDANT OCEANS FOR US AND FOR THE PLANET

为我们和我们生活的星球创造健康丰沛的海洋

Ours is a water planet, every second breath we take is drawn from the sea. But today, our oceans are at the limits of their resilience. What we do, or fail to do, within the next five years will determine our fate for the next ten thousand years. This is why I co-founded SeaLegacy, an organization that, with your support, can change how the story ends.

我们的地球其实是“水”球，我们的每一次呼吸都来自海洋。但是今天，我们的海洋已处于它们忍耐的极限。在接下来的五年中，我们所做或不做的事情都将决定我们下一万年的命运。这就是我与大家共同创立海洋遗产(SeaLegacy)的原因，我坚信这个组织在你的支持下，可以改变故事的结局。

欢迎帮助我们改变大潮的方向：WWW.SEALEGACY.ORG